十二五高等院校
艺术设计规划教材

AutoCAD

室内设计制图

立体化教程

景学红 耿晓武 编著

U0390267

人民邮电出版社
北京

图书在版编目（CIP）数据

AutoCAD室内设计制图立体化教程 / 景学红，耿晓武编著. — 北京：人民邮电出版社，2015.8（2022.8重印）
（现代创意新思维）
十二五高等院校艺术设计规划教材
ISBN 978-7-115-37879-8

Ⅰ．①A… Ⅱ．①景… ②耿… Ⅲ．①室内装饰设计—计算机辅助设计—AutoCAD软件—高等学校—教材 Ⅳ．①TU238-39

中国版本图书馆CIP数据核字(2015)第011082号

内 容 提 要

本书结合室内设计的实际应用全面介绍了 AutoCAD 2013 软件在室内设计中的使用方法和技巧。

全书共分为 6 章，与大家分享作者多年的室内设计制图经验。第 1 章讲解室内设计的流程、房间验收、实际测量、设计禁忌等内容；第 2 章介绍实际绘制的基本设置，包括图层、文字样式、标注样式等；第 3 章详细介绍平面图的绘制，包括原始结构平面图、改造平面图、平面布局图、线路图等；第 4 章讲解立面图和剖面图的绘制，包括家具、影视墙、吊顶剖面等常见细节立面图和剖面图的展示方法；第 5 章讲解打印输出基本操作和设置；第 6 章介绍软件的操作技巧。通过学习本书，读者能够快速掌握 AutoCAD 2013 的使用技巧，并熟练用于室内设计制图。

本书以室内设计的实际应用为切入点，内容系统，案例实用，专门针对室内设计行业初、中级用户编写，适合作为室内设计制图相关课程的教材。

◆ 编　著　景学红　耿晓武
责任编辑　桑　珊
责任印制　杨林杰

◆ 人民邮电出版社出版发行　　北京市丰台区成寿寺路 11 号
邮编　100164　电子邮件　315@ptpress.com.cn
网址　http://www.ptpress.com.cn
北京捷迅佳彩印刷有限公司印刷

◆ 开本：787×1092　1/16
印张：10　　　　　　　2015 年 8 月第 1 版
字数：205 千字　　　2022 年 8 月北京第 10 次印刷

定价：49.80 元

读者服务热线：(010)81055256　印装质量热线：(010)81055316
反盗版热线：(010)81055315

Preface 前言

AutoCAD是由美国的Autodesk公司推出的计算机辅助绘图软件，经过20多年的版本更新和性能完善，现被广泛用于与机械、建筑、电子、运输、城市规划等有关的工程设计工作之中。

室内设计属于建筑设计应用的范畴，在原有建筑结构的基础上，经过设计师与业主的沟通，设计师通过软件将空间的设计表现出来。AutoCAD软件在整个室内设计过程中起着举足轻重的作用，它帮助设计师通过图纸将数据合理准确地表现出来，并交给施工人员，使设计能够转化为现实。

本书内容

本书内容以AutoCAD 2013为操作主体，围绕如何进行室内设计绘图展开介绍。全书共分为6章，第1章为室内设计入门知识，第2章为室内设计绘图设置，第3章为室内设计平面图，第4章为立面图和剖面图，第5章为打印输出，第6章为绘图技巧总结。

本书特色

1 作者实践经验丰富

我们有十多年的室内设计工作经验和教学经验。本书是我们总结多年的设计经验以及教学的心得体会，多次审校，精心编著的，力求全面细致地展现出AutoCAD软件在室内设计应用领域的各项功能和使用方法。

2 案例专业

本书中引用的案例都来自室内设计工程实践，案例典型、真实实用。通过这些案例的讲解和练习，广大读者不仅能够掌握各个知识点，更重要的是能够掌握实际的操作技能。

3 内容全面

本书在有限的篇幅内，介绍了AutoCAD软件在室内设计方面的应用，涵盖了室内设计流程、绘图设置、平面图、立面图、剖面图等方面的内容，以提升绘图技巧和绘图效率为本书的核心，将我们多年的经验融入其中。

4 教学资源

本书附带247分钟案例操作精讲视频，可在书中相应位置用微信扫二维码直接观看，也可输入相应网址在线观看和下载。登录人民邮电出版社教学服务与资源网（www.ptpedu.com.cn），也可免费下载高清视频和附赠图纸资源。

关于作者

本书由"乐学吧"团队编写。乐学吧是由有10年以上教学经验和设计经验的讲师团队，本着沟通、分享和成长的理念，打造的学习设计、分享经验的综合性知识平台。乐学吧的创作人员既有多年的设计领域从业经验，又有多年的授课经验和丰富的讲授技巧，能够深入地把握广大读者的学习需求，并擅长运用读者易于接受的方式将知识与技巧表达出来。乐学吧将一如既往地坚持为读者创作各类高品质图书的宗旨，也衷心希望获得广大读者的认可和支持。

建议

读者在学习技术的过程中不可避免会碰到一些难解的问题，如果需要我们的帮助，请加入我们的在线交流平台乐学吧（www.lex8.cn）或通过QQ群（340341710）联系，我们将尽可能给予及时、准确的解答。

由于编者水平有限，书中不足之处在所难免，恳请读者批评指正。

编者

2015年5月

Contents 目录

第1章 室内设计入门

A▷ 1.1 设计流程
1.1.1 数据来源 010
1.1.2 平面布置图 010
1.1.3 立面图 012
1.1.4 室内效果图 012
1.1.5 装饰预算 014
1.1.6 签订装修合同 015

A▷ 1.2 房间验收
1.2.1 新房验收 016
1.2.2 二手房验收 018
1.2.3 闭水实验 020

A▷ 1.3 现场测量
1.3.1 测量哪些数据 021
1.3.2 其他测量数据 022

A▷ 1.4 手绘图纸
1.4.1 平面图的绘制 023
1.4.2 立面图的绘制 023

A▷ 1.5 设计禁忌
1.5.1 常见设计禁忌 024
1.5.2 户型欣赏 027

A▷ 1.6 本章小结

第2章 磨刀不误砍柴功——绘图设置

A▷ 2.1 图层设置
2.1.1 图层创建 032
2.1.2 图层应用技巧 034
2.1.3 图层动作录制 035

A▷ 2.2 文字样式

A▷ 2.3 标注样式
2.3.1 新建标注样式 039

Contents 目录

2.3.2 标注样式编辑   042   2.4.2 使用设计中心   045

A▷ 2.4 设计中心   **A▷ 2.5 本章练习**

2.4.1 查看设计中心   043   **A▷ 2.6 本章小结**

第3章   空间格局——平面图

A▷ 3.1 原始结构图   3.3.3 实木地板   067

3.1.1 绘图准备   050   3.3.4 地砖或大理石   068

3.1.2 正式绘制   052   3.3.5 引线标注   069

A▷ 3.2 改造平面图   **A▷ 3.4 线路平面图**

     3.4.1 开关布置图   071

     3.4.2 插座分布图   074

A▷ 3.3 平面布置图

3.3.1 家具布置   064   **A▷ 3.5 本章练习**

3.3.2 图案填充   066   **A▷ 3.6 本章小结**

第4章   细节展现——立面图和剖面图

A▷ 4.1 家具立面图

4.1.1 装饰鞋柜立面图   080   **A▷ 4.2 影视墙立面图**

4.1.2 衣柜立面图   083   4.2.1 立面轮廓   087

     4.2.2 材料和做法说明   089

A▷ 4.3 吊顶剖面图

4.3.1 灯槽吊顶剖面　　　091

4.3.2 中央空调剖面图　　　094

A▷ 4.4 本章练习

A▷ 4.5 本章小结

第5章　图形的完美展现——打印输出

A▷ 5.1 打印设置

5.1.1 工作空间　　　102

5.1.2 打印设置　　　105

5.1.3 打印样式表　　　112

5.1.4 样板文件　　　114

A▷ 5.2 图形输出

5.2.1 导出位图　　　117

5.2.2 高清位图导出　　　120

5.2.3 导入3ds Max软件　　　123

A▷ 5.3 本章练习

A▷ 5.4 本章小结

第6章　绘图技巧总结

A▷ 6.1 绘图技巧

6.1.1 夹点编辑　　　128

6.1.2 工具提升　　　132

6.1.3 数据查询　　　138

A▷ 6.2 常见画法

6.2.1 中心画法　　　141

6.2.2 边缘画法　　　144

6.2.3 组合画法　　　147

A▷ 6.3 附送图纸

A▷ 6.4 本章小结

第1章

室内设计入门

很多初学者认为，进行室内设计的核心工作就是制作漂亮的效果图。这是初学者认识上的一个误区。实际上，在实际室内设计流程的各个环节中，空间的规划和图纸绘制占据了更加重要的地位。优秀的设计师能够以实际的数据测量为基础，将设计创意和业主的要求进行完美的融合，从而成就一个好的作品。空间的规划和图纸绘制，以及与业主的有效沟通就是这个过程中的关键。

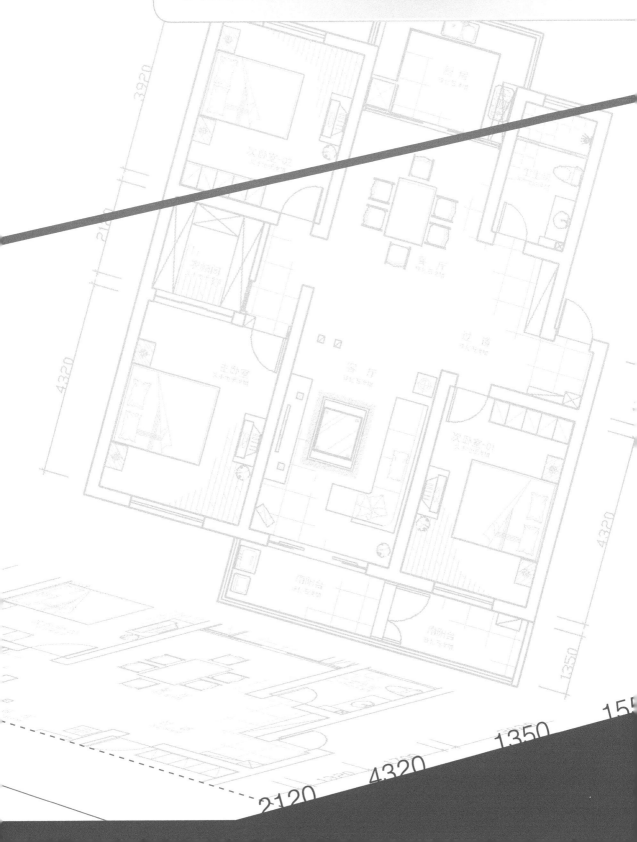

AutoCA

● 设计流程　● 房间验收　● 现场测量　● 手绘图纸　● 设计禁忌

Ⓐ▷ **1.1** 设计流程

　　室内设计属于建筑装饰的一个范畴，即在原有建筑墙体结构的基础上，将设计师的想法通过建筑改造和空间装饰达到设计的完美结合。在实际进行设计时，主要包括以下基本流程。

1.1.1 数据来源

　　通常，在进行正式装修之前业主和设计师通过沟通，就装饰风格、装修工期、装修大体费用等方面达成意向。空间的尺寸数据为工程核计和装饰预算提供重要的数据来源。在日常进行室内设计时，尺寸数据通常有两个来源。

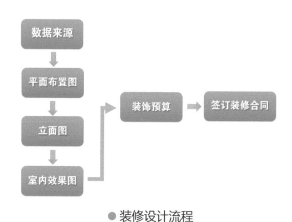

● 装修设计流程

1. 平面户型图

　　很多情况下，业主会拿着房子的平面户型图来找设计师，让设计师根据平面户型图进行室内设计。在这种情况下，建议设计师仔细向业主询问房子的基本情况。有时候，平面图有很多数据可能与实际情况存在出入，此时的平面户型图只可作为参考依据。

2. 实际测量

　　设计师与业主沟通完毕之后，统一预约登门测量时间，进行实际的现场测量。在现场测量时，将室内设计中需要明确的尺寸信息都进行实际测量并记录，并查看建筑的楼层、户型、位置和周边环境等因素，全面地采集设计所需要的各项基本数据，作为设计工作的基本依据。

1.1.2 平面布置图

　　通过业主提供或现场实际测量获得数据后，根据业主的意见和建议，需要绘制建筑平面布置图。此时的平面布置图包括原始结构图和改造平面图。

1. 原始结构图

　　根据业主提供的平面图和实际测量的数据，绘制简单的建筑平面原始结构图，并对建筑物中的横梁等位置进行虚线绘制并进行标注。

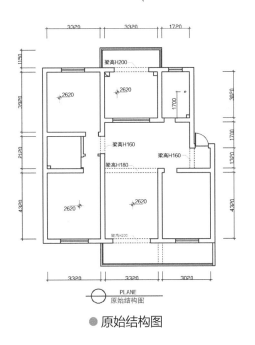

● 原始结构图

2. 改造平面图

根据实际户型的查看和与业主的沟通交流,绘制需要改造的部分,通常包括拆墙和砌墙两部分的空间改造项目。

3. 平面布置图

在进行实际测量时,可以将客户的意见或建议,通过平面布置图表现出来,将各个空间和功能区进行合理的划分,生成平面布置图。

● 改造结构图 　　　　● 平面布置图

1.1.3 立面图

初步绘制形成平面布置图后，需要多次同业主进行协商和沟通，首先将空间的格局和家具陈列确定下来。对于需要改造或改建的局部位置，则需要绘制立面图，比如影视墙、家具和造型墙等。通过立面图能够将家具或模型的具体尺寸和安装的位置进行明确标注，也为工人提供制作的尺寸依据。

1. 家具立面图

经过与业主沟通，如果确定需要现场制作部分家具，则需要单独绘制家具立面图，对家具结构、图形尺寸以及使用材料等进行说明。

2. 其他图纸

在立面图绘制完成以后，对于需要通过局部剖切来展现尺寸的部位（如吊顶等），还需要绘制局部剖面图。

对于在装修时需要改动线路和上下水的室内设计，则需要绘制线路布置图、插座布置图等。

1.1.4 室内效果图

绘制完平面布置图并根据业主意见和建议进行更改调整后，就需要向业主具体展现设计风格和设计思路，此时需要设计师制作提供具有某种风格的效果图。效果图也可以在绘制立面图和其他图之后设计制作。

1. 室内效果图

室内效果图制作之前，需要设计师结合设计构思和业主的意见，确定某种装修风格，再通过效果图制作软件生成效果图。建议初级的设计师们在制作效果图时，先选定某种设计风格，并围绕这种风格加以合理变化，切忌玩儿混搭的装修风格。某简欧风格的室内效果如下图所示。

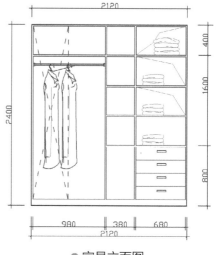

● 家具立面图

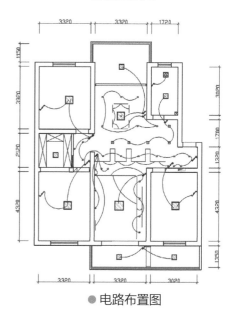

● 电路布置图

● 简欧风格的室内效果图

2. 多角度展示

在进行效果图展示时，通常需要渲染客厅方向、餐厅方向、走廊和局部细节等不同角度的效果图，方便业主查看不同方向的装修效果，便于业主做出全方位的判断。

● 客厅方向

●走廊方向

●餐厅方向

1.1.5 装饰预算

在效果图制作完成以后，通常需要多次调整或者修改，得到最后确认的方案结果。设计阶段的最后一个环节就是具体细节的装饰预算。专业装饰公司通常使用专业的预算软件，小型装饰公司通常使用包含预算细节的Excel电子表格。通过装饰预算，将每一个装修环节所用的材料、数量、单价和最终的价格进行合计，给业主和施工人员提供更为明确清晰的数据信息。

1. 填写数据

对于装饰预算的软件或表格，其中大部分装修的项目都列得比较全面，在进行数据填写时，根据基本装修的流程，从房间顶部、造型、家具、墙面、地面等环节，将测量或计算的数据逐个（项）填写即可。

田庄西	工艺做法：		清油	房屋类型：	
项目名称	单位	数量	单价（元）	单项合计（元）	备注说明
客厅、餐厅					
顶面工程					
铲墙皮	m²	27.68	3.00	83.04	对原墙面铲除及其找平处理
顶面乳胶漆	m²	27.68	33.00	913.44	批刮三遍腻子、打磨、找平，涂立邦金装五合一面漆三遍
墙面工程					
铲墙皮	m²	54.66	3.00	163.97	对原墙面铲除及其找平处理
墙面乳胶漆	m²	54.66	33.00	1803.78	批刮三遍腻子、打磨、找平，涂立邦金装五合一面漆三遍
造型					
吧台台面及包暖气	m	1.50	280.00	420.00	紫名都优质细木工板，外贴木饰面
酒柜	m²	2.00	520.00	1040.00	紫名都优质细木工板，外贴木饰面，加玻璃隔板，背贴银镜面，无门
影视墙造型	项	1.00	700.00	700.00	轻钢龙骨，紫名都专用优质石膏板，批刮三遍腻子、打磨、找平，涂立邦时时丽面漆

装饰预算表格

2. 打印表格

在装饰预算软件或电子表格中，将最终数据核算完成并与客户确认无误后，需要将其打印出来，作为装修合同的一部分。

1.1.6 签订装修合同

前面的几个环节完成以后，整个装修设计的流程就走到双方签订合同的最后环节。合同签订完成后，确认开工日期和完成日期，装修材料和工人就可以正式入驻，开始动工装修。

签订合同时，将装修合同、预算表格、效果图和附件等内容，统一打印并装订，由装饰公司和业主双方在装修合同上签字盖章。

在装修合同中注明双方的权利和义务、装修工期、装修费用和付款方式等。

发包方（简称甲方）：

承包方（简称乙方）：

根据《中华人民共和国合同法》《中华人民共和国建筑法》及其他有关法律、行政法规，甲乙双方经友好协商，甲方决定委托乙方进行住房装修，为保护双方的合法权益，结合本工程的具体情况，双方达成如下协议，共同遵守。

一、工程概况

1. 工程名称：

2. 工程地点：

3. 工程量：以合同预算表为准，发生工程量变更的以实际工程量为准。

4. 承包方式：按以下第　项执行

（1）包工包料；（2）包工不包料；（3）包工，部分包料；（4）部分包工。

二、工期

1. 开工日期：　年　月　日

2. 竣工日期：　年　月　日

3 工程总用工时间：　天（工期顺延的时间未计入）

三、工程价款及结算的约定

工程总价款：￥_____元，大写（人民币）。详见本合同装修工程报价单。

注：此价款为工程结算依据，最终要按实际发生的工程量计算。

● 装修合同（部分）

A▷ **1.2 房间验收**

在进行室内设计前，需要对房屋进行初步的验收，这是进行室内设计所不可缺少的环节，以保证后续设计的标准和质量。在实际房屋验收时，通过与业主的充分沟通将房间现存的问题明确责任双方，同时确定装修的工程项目。在进行房间验收时，根据房间使用时间和年限的特点，可以分为新房验收和二手房验收。

1.2.1 新房验收

在收房时，很多业主都不知道如何对新房进行验收，也有一些人认为质检站都已经验收了，业主再验收有多此一举之嫌。实际上，通过房屋验收能够使业主在收房签字前发现问题，明确开发商的责任，并就可能存在的具体问题进行交涉。

当房子装修完成以后，如果出现问题，很多人第一个要想到或是追究的就是装修设计的责任。因此，当设计师接到新房设计的任务之初，就需要对墙壁、地面、弱电、上下水等环节进行验收，以便发现一些现存问题，并在装修前明确双方责任和处理措施。在房屋验收时，对于发现的问题，需要及时向业主提出，明确问题由谁来处理。属于基建方面的问题，通常需要业主联系开发商进行处理；对于一些一般性的问题，则可以在装修时采取必要的措施解决。

1. 墙壁验收

墙壁验收通常包括卧室、起居室、阳台、厨房、卫生间等空间的墙面和顶棚。在进行实际验收时，重点检查一下墙面的平整度、垂直度、瓷砖的空鼓问题等。

对于墙壁的验收来讲，新房子与二手房是不一样的。新房由于竣工时间短，墙面质量好，通常不需要大面积地重新处理。

平整度

在进行墙面平整度检查时，一般使用两米长的直尺（业内称之为两米靠尺）进行检查。当两米长的直尺靠近墙面时，观察墙面与直尺之间的缝隙，通常误差在3mm以内可以视为正常。

● 用直尺检查墙面平整度

墙面垂直度和墙角垂直度

进行墙面垂直度测量的方法有很多种，通常使用吊坠测量，就是用一个小的重的吊坠（类似扁铁）和一条细绳，绑好后，贴着墙壁测量垂直度。

在进行室内测量或验收时，对于阴角需要检查其垂直的程度，以供在进行正式墙面处理时，作为参考依据。通常使用"水平仪"进行验收，将设备开启后，确保设备顶部的气泡在中间标识位置，将水平仪靠近墙角处，查看红外线与墙角的吻合程度。

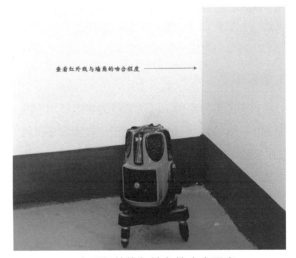

查看红外线与墙角的吻合程度 →

● 查看红外线与墙角的吻合程度

2. 瓷砖验收

通常情况下，在新房验收之前卫生间、厨房的地面和墙壁已经贴完瓷砖。墙砖在铺贴时，通常采用"湿铺"的方式，水泥和砂子比例处理不好时，贴完墙砖后容易出现空鼓现象，影响墙砖的使用寿命。地砖通常采用"干铺"的方式，水泥和砂的比例也是特别重要的。

在进行验收时，需要使用橡皮锤或是橡胶手柄进行敲击，每一块瓷砖以及瓷砖的每一个位置都需要进行敲击测试，瓷砖空鼓的声音是不同的，对于有空鼓的位置要进行标记。

● 空鼓区域

3. 其他细节

在进行墙壁验收时，对于其他地方也可以只看一下大体的细节，毕竟后续装修时，对于细节不满意的地方还需要进行重新装修，如踢脚线。在检查这方面细节时，一定要指出问题，将有问题的地方做特别处理。

● 细节破坏

1.2.2 二手房验收

对于二手房来讲，由于经过长时间的居住，往往存在很多前业主的遗留问题；而且由于二手房经过装饰装修，很容易掩饰掉一些隐蔽的问题。所以，设计师在接到二手房设计任务时，更需要提高警惕，验收时除了墙壁、地面、弱电之外，还要从细节出发，查看每一个部分的现状，为后面的装修设计排除隐患。

1. 墙面验收

对于二手房来讲，墙体检查通常包括墙面的平整度、是否渗水、是否有裂缝；查看墙体是否有水迹，特别是一些山墙、厨房卫生顶面、外墙等地方，如有的话，务必尽快查明原因。

根据前业主对房子装修的时间，装修5年以上的房子再次装修时，通常需要将原墙面全部铲除，露出原水泥的基础墙，重新刮腻子打磨找平。在墙面处理完成验收时，需要验收墙面的水平和垂直度。

● 铲除墙面腻子

2. 卫生间墙面验收

对于二手房来说，房屋经过长时间的使用，可以比较容易发现卫生间的防水问题。卫生间墙面需要查看顶部邻居家是否渗水，再次进行装修吊顶前，将楼上邻居家的地面防水处理好。只有这样，在装修完成后才能保证施工的质量和使用寿命。

在进行验收时，仔细查看原来的墙壁和吊顶的颜色，发现墙砖或吊顶有颜色不同时，需要仔细观察，通常是由于楼上邻居卫生间防水有问题引起的。

3. 线路验收

对于二手房来说，线路是一个重要的验收事项和需要注意的问题。受建筑的年限和线路使用寿命的影响，房龄在15年以上的房屋再次进行装修时，建议全部更换或铺设线路。因为房

● 楼上卫生间漏水

龄较长的房屋在最初的线路设计和规划时，往往没有考虑目前使用的一些大功率电器，并且线路经过多年使用很可能已经老化，导致现有线路存在一些隐患；如果不将这些隐患加以处理，将来装修完成房屋投入使用后容易发生线路过热等情况引发火灾，给业主家庭和邻里造成不应有的损失。

空气开关认知

空气开关也称空气断路器，是断路器的一种，是一种只要电路中电流超过额定电流就会自动断开的开关。空气开关是低压配电网络和电力制动系统中非常重要的一种电器，它集控制和多种保护功能于一身。除了能完成接触和分断电路外，还能在电路或电气设备发生短路、严重过载及欠电压等现象时，自动断电进行设备保护。

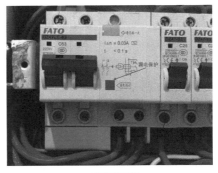

● 空气开关

对于需要接地线的设备或空间，空气开关必须要有漏电保护按钮。

在检查空调、卫生间、厨房等线路的回路时，需要查看漏电保护的反应灵敏程度。对于电流过大、线路短路时，漏电保护按钮应当能够自动弹出，同时线路开关会自动切换到"OFF"状态。

线缆认识

通常室内装修使用的电线为铜轴线，单根铜线根据粗细即横截面的尺寸分为1.5mm²、2.5mm²、4mm²、6mm²等规格。

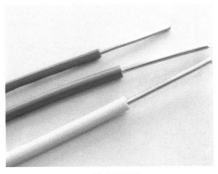

● 单芯铜线

根据铜芯线截面的尺寸和穿管材料，预算出当前线路的负载电流。有专门的计算公式，在施工现场一般就是以导线截面积的8倍估算电流值。按导线截面积的2倍估算可以承载的功率值，例如，2.5mm²的导线接小于等于5kW功率的设备就可以正常使用。

线缆使用年限

在进行二手房验收时，对于裸露在外面的线缆使用时间最长不要超过10年。除此之外，还要考虑线缆质量、使用的环境、温度等外力因素。对于穿管的墙内线缆使用时间最长不要超过20年。对于超过年限的，可以在不进行验收的情况下，直接进行重新布线和掩埋管线等操作。

1.2.3 闭水实验

闭水实验也称蓄水实验，用于对有下水管的空间进行地面防水验收，特别是卫生间。闭水实验是房屋验收的一个重要环节，属于隐蔽工程。一旦防水做得有问题，后续入住时产生的麻烦就会更大。自家防水有问题时，会影响到楼下卫生间的顶棚。无论是新房还是二手房，都需要进行闭水实验的验收。

1. 封闭地漏

将地漏上面的盖子拿掉，用方便袋和橡皮筋将地漏的封口包住，确保用于测试闭水实验的水不会从当前位置流走。

2. 注水

打开水龙头，向地面注水，保持在2~3cm的水位，将门口位置进行堵挡。

用橡皮筋套紧

● 封堵下水口

注水2~3 cm

● 注水

在进行闭水实验时，应该每隔2~3h，去楼下邻居处查看渗水效果或是观察地面的水位有无明显变化，若发现渗水现象比较明显，应该立即停止闭水实验。24h后，发现地面仍有积水，那么说明卫生间地面已经通过闭水实验，在进行室内设计时，不需要对地面重新进行防水处理。

> **注意事项** 在进行闭水实验时，需要仔细查看马桶、拖布池、下水管道等部件与地面接缝位置，在设备安装或装修处理时，接缝处应使用填缝剂完全封闭。

1.3 现场测量

通过前面的房间验收操作以后，基本上能够发现房屋现存的大多数问题。对于验收过程中发现的问题，可以由业主联系房屋维护维修部门解决，也可以在装修时作为工程的一部分，通过装修来解决。完成这些环节以后，接下来的工作就是需要进行房屋的数据测量。

1.3.1 测量哪些数据

在进行现场实际测量时，作为设计师要清楚哪些地方需要测量，哪些数据需要记下来。测量并不是重复地多次测量，通常情况下，在与业主约好时间以后，只需要一次测量就可以得到设计的相关数据，也为后面的装修预算提供数据参考。

1. 基本数据

在进行实际测量时，有一些数据通常是需要测量获得的，如墙面尺寸、高度等数据。

测量地面

将5m或7.5m的卷尺拉出零点端顶在墙与地面接触的位置。拉动卷尺，查看最终到达的数据，测量出地面尺寸。

● 测量地面

测量墙高

在测量墙高或是地面与屋顶高度时，大多数人会将卷尺零点端位置顶到房顶，然后两只手按着卷尺，查看卷尺底部所对应的尺寸。其实在实际测量时，完全可以采取另外的方法。将卷尺零点端顶在地面，一直向上输送卷尺寸，查看房间顶部时，查看卷尺所对应的数据。

● 查看卷尺对应的数据

2. 横梁数据

在建筑设计时，房屋中的柱子、横梁等造型是不可缺少的，在进行装修时，需要将这些造型合理地利用并进行改造。在进行实际测量时，需要丈量横梁或柱子的尺寸。

3. 改造数据

在装修过程中，如果有需要改建或新建的家具造型，在进行现场测量时需要将其尺寸测量全面、准确，为后面的装修预算提供数据参考。在实际测量完成后，也可以在原墙上进行改造标注。

1.3.2 其他测量数据

在进行现场测量时，并不是所有的数据和尺寸都需要测量。通常情况下，对于在装修过程中需要改建或改造的空间需要测量，不需要装饰公司装修空间的数据是不需要测量的。

1. 门窗以及附件

在进行室内装修前，需要与业主沟通在装修过程中，对于门、门套、窗套等造型的改造归属。若业主另有安排或打算时，则不需要进行测量。若需要装饰公司一起装修完成，则需要实际测量，同时也需要告知业主，对于门窗的装修，锁具、合页等五金配件是需要由业主自行负责的。

2. 地面铺设工艺

对于室内设计中的地面，装修时通常铺设大理石、地砖、实木地板和复合木地板等材料，需要与业主沟通明确装修是全包还是清工辅料。对于复合木地板，有的地区是包安装，有的地区是有材料费，也需要与业主沟通装修费用的归属问题。

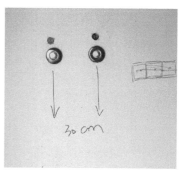

● 测量横梁尺寸

● 更改冷、热水管的位置

A▷ 1.4 手绘图纸

在进行室内测量时，通常在纸上绘制简易的平面图，将测量的一些数据，直接标记在平面图中，帮助记录每个空间的格局和尺寸。手绘平面图时，数据要清晰准确，测量完成后，需要在短时间内，将AutoCAD软件绘制的平面布局图交由业主，进行方案沟通。

1.4.1 平面图的绘制

在进行室内测量时，先将室内空间构造的平面图大体的绘制出来，可以将测量的数据标记在手绘的平面图中，对于装修改建的空间，再单独绘制平面图，可以将更加精准的数据进行标注。

1. 手绘平面图

在进行实际测量时，随手所带的记录本尽量要大，建议为A4页面尺寸以上的软皮本。在进行室内绘制时，站在客厅中间，面向南或北向，快速勾画出室内的轮廓图形，并标记出南北方向，将测量的数据进行标记。

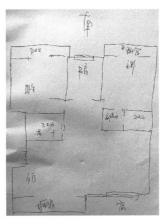

● 手绘平面图

2. 局部平面图

在进行室内设计时，对于需要改造或装修的空间，要绘制局部的平面图。

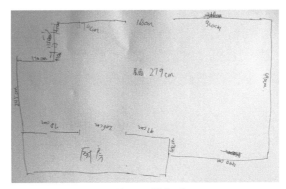

● 需要出效果图的部分平面图

1.4.2 立面图的绘制

在进行室内数据测量时，除了平面图以外，对于后续在装修时需要完成的造型，需要绘制平面图，给业主和施工工人提供样式依据。如果能在测量时就确定造型的立面样式，最好当场确定样式，方便后续制作效果图。

1. 绘制简易形状

在测量数据时，通过与业主进行思路沟通，在原有的墙面上，设计师可以将脑海中的造型进行简单绘制。

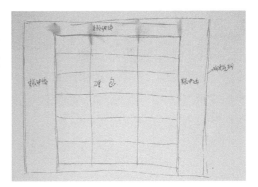

● 手绘影视墙简易造型

2. 绘制立面图

根据与业主沟通的立面图信息，将样式和构造绘制在图纸中，并将数据进行明确标注。

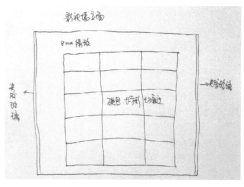

● 手绘草图

A▷ 1.5 设计禁忌

作为设计师，在进行室内设计时，除了根据现有的房间构造进行设计之外，还需要了解一些设计的禁忌和基本知识，这样可以帮助设计师更好地改造和利用空间的布局，避免不良的空间格局。

在实际进行设计时，也需要尊重业主的意见，将设计、注意事项和业主的建议完美地结合，找到最佳的方案。

1.5.1 常见设计禁忌

根据业主的建筑户型特点，设计师应当考虑是否存在一些设计禁忌，在与业主沟通后，通过后续装修的方式，将一些突出的问题进行规避和合理的调整，就可以得到特别满意的设计作品。如房间的横梁，在日常进行设计时，通常将横梁作为室内吊顶的一部分，将横梁问题进行合理的转化。

1. 入户门对长走廊

进入业主房间后，直接面对的是一个长长的走廊时，建议在面对入户门的墙面上，悬挂中国结或制作照片墙等装饰。

2. 玄关添加

如果进入业主房间以后直接面对一个全开放型空间，在不遮挡采光的前提下，可以在入户门的位置，添加玄关造型。

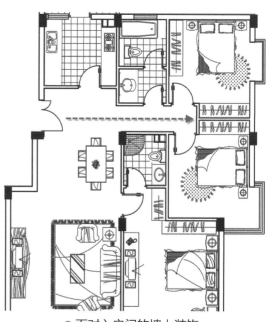

● 面对入户门的墙上装饰

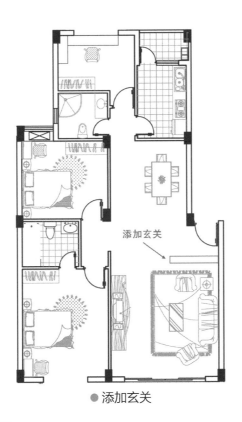

● 添加玄关

3. 入户门直接对卫生间门

从业主的入户门进入房间后，若直接面对的就是卫生间门，在室内设计时，需要给出更改设计的建议。条件允许时，可以更改卫生间门的位置，条件不允许时，可以将卫生间门做成"假门"样式。

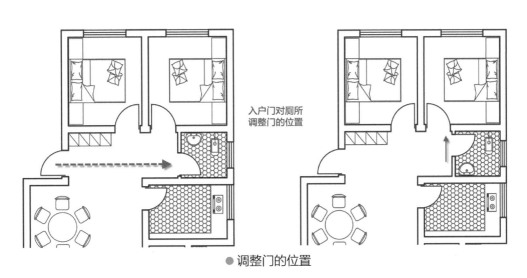

● 调整门的位置

4. 两门对立

在进行室内设计时，室内房间的门尽量避免直接对门的摆放，条件允许时，更改其中一个门的位置。

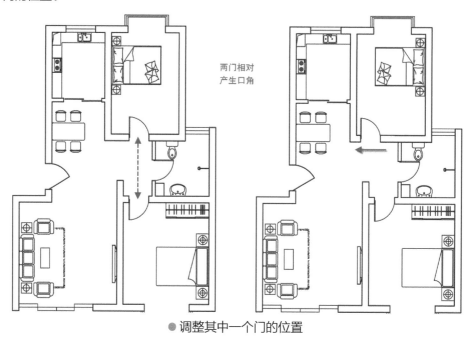

两门相对
产生口角

● 调整其中一个门的位置

5. 床头不宜对门口

在进行室内空间布局时，卧室中的床通常是要靠近某一面墙体，在靠近墙体的同时，还需要注意，床头不宜直接面对门口。

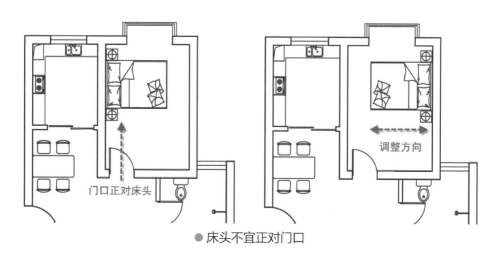

门口正对床头

调整方向

● 床头不宜正对门口

6. 调整卫生间格局

在进行室内设计时，对于主卧带有卫生间的空间，需要调整卫生间门所在的位置，同时也需要调整卫生间内部各个洁具的摆放格局。

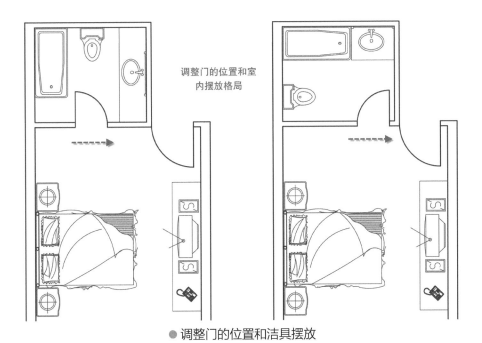

调整门的位置和室内摆放格局

● 调整门的位置和洁具摆放

1.5.2 户型欣赏

在了解了室内设计禁忌以后，接下来看一下什么样的户型是好户型，什么样的设计是好的设计。通常情况下，好的户型包含以下几个元素。

1. 户型方正

户型方正的房子整体利用率高。如果室内有拐角则会占用实际的居住面积。户型方正，无论是设计还是居住，都是最好的选择。

2. 通风良好

南北通透的房子居住舒适，所谓的南北通透指的是贯穿客厅南北有窗户，能够保证空气对流。另外高层（6层以上）全南户型也值得考虑。

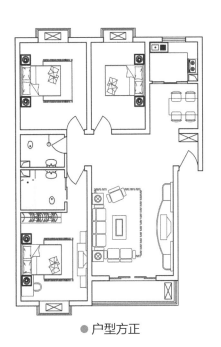

● 户型方正

● 通风性能良好

3. 采光性能

　　人类居住离不开阳光，住宅户型要考虑采光性能，三房以上要考虑双卧朝南，无论是大户型还是小户型，客厅朝南是最佳的选择。两居室也要考虑最起码一个卧室朝南。

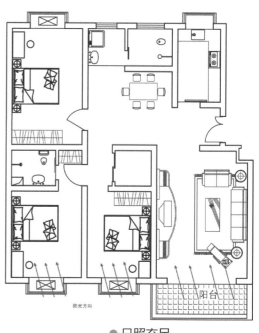

● 日照充足

4. 布局合理

　　房间户型布局要合理，动静结合。通常情况活动区域与休息区域有明显的分隔，在保持方正、通风、朝向的前提下，实现更好的功能搭配。

● 动静结合

A▷ 1.6 本章小结

　　本章作为室内设计的第一部分，系统全面地介绍了室内设计的流程、房间验收、现场测量、手绘图纸和设计禁忌等方面。室内设计流程让广大读者了解了进行室内设计的基本流程；房间验收环节让广大读者了解验收的流程和重要性以及装修时的任务和责任；尺寸测量和绘制平面图等环节中，介绍了测量的依据和注意事项；设计禁忌部分对日常所见的户型和更改方案做了介绍。

第2章
磨刀不误砍柴功
绘图设置

在 测量完所有的数据之后，接下来就需要使用AutoCAD软件来进行正式的绘图，专业的设计师绘制完成的图纸，不仅图纸数据美观、正确，而且可读性比较强，即便非专业人员，也能很容易明白设计师的设计意图。如何绘制符合行业规范的图纸，将是本章重点要讲解的内容。

AutoCAD

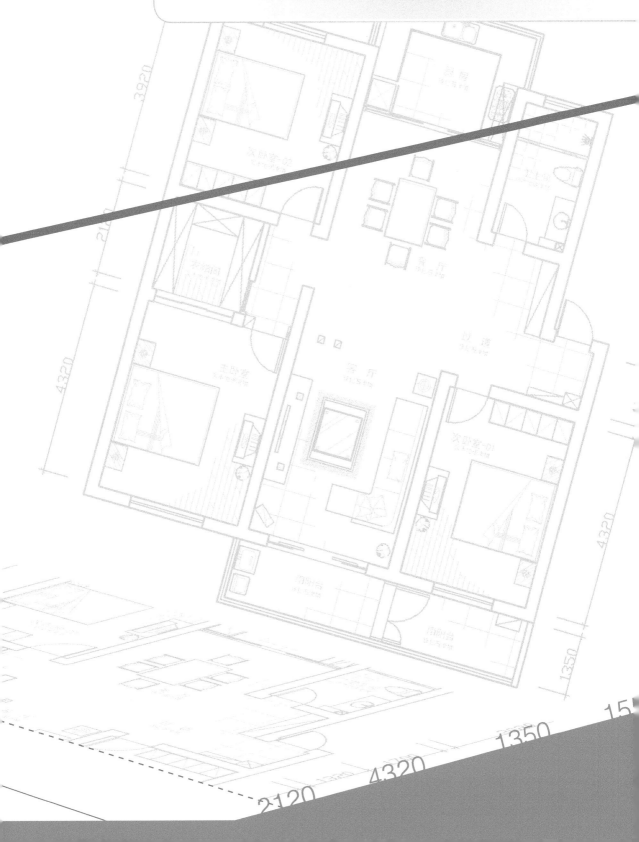

▲〉 2.1 图层设置

"图层"是AutoCAD软件区别于传统手绘方式最明显的特征之一。在传统手绘当中，所有的线条、图形绘制完成后，将不能对某一类线型（辅助线）执行移动、隐藏等操作。在AutoCAD软件中，可以通过图层控制某类线型或对象的单独编辑和操作，在进行正式打印输出时，通过图层控制某些图形在最终输出时不显示等操作。

2.1.1 图层创建

在AutoCAD软件中，"图层"就相当于一张张透明的电子纸，用户可以任意选择其中一个图层绘制图形，而不会受到其他层上图形的影响。每个图层中的对象具有相同的颜色、线型、线宽等基本属性。例如在建筑图中，可以将基础、楼层、水管、电气和冷暖系统等放在不同的图层里进行绘制；而在印刷电路板的设计中，多层电路的每一层都在不同的图层中分别进行设计。

如果绘制的图层只是在AutoCAD中查看，可以当作图层不存在。但是我们绘制图形的最终目的是为了打印或转到其他软件中进行处理，因此，图层在AutoCAD的绘制标准中显得尤为重要。

1. 新建图层

启动AutoCAD软件后，在命令行中输入LA并按【Enter】键或单击"图层"选项中的 按钮，弹出图层属性对话框。

● 图层特性对话框

在弹出的图层特性管理器界面中，单击图层特性管理器中的 按钮或按【Alt+N】组合键，输入名称，设置颜色、线型和线宽等属性。

● 图层列表

2. 设置颜色

在进行图层颜色属性设置时，会弹出所有颜色界面，并不是所有的颜色都要使用，也不是根据设计师的喜好来选择。通常情况下，使用比较多的是9个索引颜色。在打印输出时，可以通过颜色控制输出的线型宽度。

对于不同的颜色，在正式绘制时，都有其标准的使用规范。

● 颜色与使用范围

颜色	编号	使用对象范围	颜色	编号	使用对象范围
■ 红	1	辅助线	■ 洋红	6	阳台、线路
黄	2	楼梯、台阶	□■ 白/黑	7	墙线、柱子
■ 绿	3	尺寸标注、图名标注	■ 深灰	8	家具图块、装饰图块
■ 青	4	门、窗、冷水	▨ 浅灰	9	图案填充
■ 蓝	5	洁具、玻璃幕墙、节点			

3. 线型设置

在绘制图形时，"线型"的选择比较简单，通常使用虚线、细实线、点划线或双点划线等线型。通常情况下，辅助线选择虚线、点划线和双点划线，其他情况使用细实线。

4. 线宽设置

在进行绘制时，线宽统一采用默认的样式即可。在进行正式打印输出时，通过打印样式表的设置，根据图层的颜色控制实际打印输出时线条的宽度，在5.1.3小节中会有统一的讲解，在此不再赘述。

———————————————— 虚线

———————————————— 细实线

———————————————— 点划线

———————————————— 双点划线

● 常用线型

5. 图层基本设置

显示/隐藏：用于设置当前图层的显示和隐藏。该按钮单击后变为灰色。

冻结/解冻：用于在视口中对图层进行冻结和解冻，与显示/隐藏类似，只是不能作用于当前图层。该按钮单击后变为灰色。

锁定/解锁：用于设置图层的锁定/解锁。锁定后该图层中的内容不能编辑，但可以绘制图形。该按钮单击后变为锁定效果。

将对象所在图层置为当前层：用于将选择对象所处的图层设置为当前操作图层。这个工具在平时绘图中使用频率较高。

匹配：用于将当前选择的线条对象，与目标对象的属性进行匹配，包括颜色、线型和线宽等属性。

2.1.2 图层应用技巧

图层创建完成以后，在正式绘制图形时，就可以将不同的对象置于不同的图层当中去，图纸在打印输出时，可以通过图层来调整最终的输出效果。

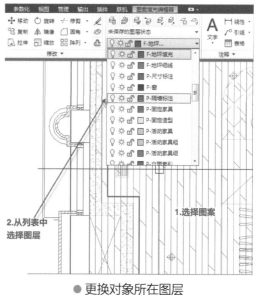

1. 更改对象所在图层

在进行图形绘制时，通常需要先选择合适的图层作为当前层，再绘制图形。若绘制完成后，发现图形所在图层并不是想要图层，可以更改对象所在的图层。

选择要更改图层的图形对象，从图层列表中选择要归属的图层，再按【Esc】键取消选择。

● 更换对象所在图层

2. 非连续线型比例因子

所谓连续线型，就是指平常所见的细实线或粗实线等连续线条。非连续线型就是由点线、折线构成的虚线、点线或点划线等线型，这些线型在AutoCAD绘制图形时，通常作为辅助线来使用。

在模型空间绘制时是不需要进行比例缩放的，直接按实际尺寸的1∶1进行绘制。但是在绘制建筑图纸时，按照实际尺寸绘制的辅助线往往会在最后打印输出时变成细实线。所以需要通过非连续线型比例因子这个参数来控制辅助线的显示。

全局比例因子

例如，在页面中绘制长度为5000个单位的点划线作为辅助线，这样的数据在平时绘制建筑图纸中比较常见。在实际打印输出时，这条辅助线显示为细实线。

在命令行中直接输入"LTS"并按【空格】键，命令行出现提示"输入新线型比例因子"，输入"20"并按【空格】键，即可将点划线效果显示出来。

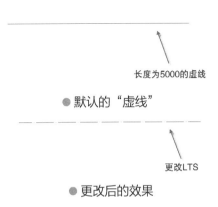

长度为5000的虚线

● 默认的"虚线"

更改LTS

● 更改后的效果

> **注意事项** 全局线型比例因子，默认为1，大于1时，相同距离内线段重复的次数减少。通常非连续线型比例因子比打印输出比例因子略小即可。

2.1.3 图层动作录制

通常在绘制图形时，首先需要设置或是加载的就是图层对象，然后再进行图形的绘制。但如果经常绘制的都是相同类型的图纸，每次新建文件后，都要先进行一番图层设置，是比较浪费时间的。因此，对于图层方面的管理，这些重复的动作，可以通过动作录制或设计中心来实现。在此，先介绍动作录制的基本操作，后续再讲解设计中心的具体使用。

动作录制

在AutoCAD 2009版本及以后的版本中，新增加了动作录制器功能，可以将平时经常要操作的一些步骤录制成"动作"。在执行"动作"时，只需要单击相关的动作名称，即可将之前录制好的操作重复播放，由计算机自动处理完成一些重复性的工作，类似于Photoshop软件中的"动作"。

在AutoCAD软件界面中，单击"管理"选项中的"录制"按钮。

● 单击录制按钮

"录制"功能开始后，对当前软件的每一步操作，均能录制下来保存在动作当中。当处于录制状态时，默认的光标处会显示一个"红色"的按钮（录制标记）。

● 录制动作

基本操作完成以后，单击动作录制器中的"停止"按钮，在弹出的界面中，输入动作名称，输入当前动作的说明。

在另外的新文件中，可以直接在动作录制器界面中，从下拉列表中选择要播放的动作，直接单击 ▷ 播放 按钮，将当前动作中记录的操作自动进行播放执行。

微信扫一扫，随书视频就来到！

图层设置: http://pan.baidu.com/s/1bn6QTkj

● 保存动作

A 2.2 文字样式

在绘制图形时，为了标识某一区域的实际施工方法或建筑设计说明，通常需要在当前图纸中添加文字注释或说明信息。

文字样式是一组可随图形文件保存的文字设置的集合，这些设置可以包括文字字体、文字高度以及特殊效果等设置。在AutoCAD软件中所有的文字，包括图块中的文字和标注中的文字，默认都是相同的文字样式。

在实际应用中，绘制图形中输入的说明文字需要使用中文字体，如黑体等，而尺寸标注中的文字则需要数字线条粗细均匀的TXT字体。因此，为了满足图纸绘制的不同注释需要，仅有一个"Standard（标准）"样式是不够的，用户可以使用文字样式命令来创建或修改文字样式。

AutoCAD使用编译形（SHX）字体来书写文字。形字体的特点是字形简单，占用计算机资源低，形字体文件的扩展名为"*.shx"。

在Windows操作环境下，AutoCAD可以直接使用由Windows操作系统提供的TureType字体，包括宋体、黑体、楷体、仿宋体等为中国用户提供的符合国标的字体样式。

在使用AutoCAD软件进行建筑设计或室内设计时，对于注释的文字通常使用粗细一致的"GBCBIG字体"或"黑体"。AutoCAD 2009以后的版本中，文字样式默认的为"宋体"，因此，在正式输入文字内容时，需要新建文件样式。

新建文字样式

在命令行中输入"ST"并按【空格】键或单击"注释"选项文字右侧的按钮,弹出"文字样式"对话框。

● 新建文字样式

单击"新建"按钮,在弹出的对话框中,输入文字样式名称,单击"确定"按钮,从字体名下拉列表中选择"txt.shx"字体,选中"使用大字体"复选项,从后面的字体样式列表中选择"gbcbig.shx"字体。

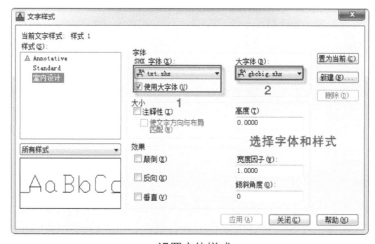

● 设置字体样式

其他的文字样式选项,如高度、宽度比因子等,保持默认,单击"关闭"按钮,完成文字样式的新建操作。输入单行文字或多行文字时,可以从文字样式列表中选择新样式进行输入。

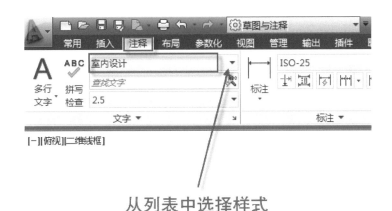

从列表中选择样式

● 从样式列表中选择文字样式

2.3 标注样式

　　绘制完成图形以后，需要对其进行尺寸标注。根据行业和输出比例的不同，在进行正式尺寸标注前需要进行标注样式的设置。

　　在使用AutoCAD绘制建筑图纸时，绘制的对象尺寸往往很大，使用默认样式进行尺寸标注，尺寸数字显示很小并且影响后期的打印输出。另外，由于在建筑图纸中对于尺寸线终端符号的要求是"建筑标注"而并非是默认的箭头样式，所以在正式进行尺寸标注前需要进行标注样式的新建或设置。

　　在AutoCAD软件中新建图形文件时，系统将根据样板文件来创建一个默认的标注样式。如使用"acad.dwt"样板时默认样式为"STANDARD"，使用"acadiso.dwt"样板时默认样式为"ISO-25"。

2.3.1 新建标注样式

　　在进行室内设计时，通常使用比较多的尺寸比例有1：100、1：50、1：20等常见比例。针对不同的尺寸标注比例，需要新建或指定不同的标注样式。

1. 新建标注样式

　　在命令行中输入"D"并按【空格】键，弹出标注样式管理器对话框，单击"新建"按钮，输入新建的标注样式名称。

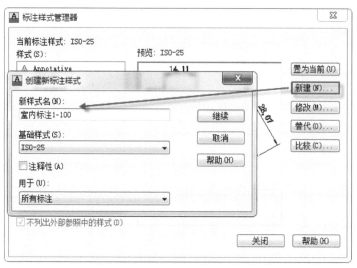

● 新建标注样式

单击"继续"按钮后，在出现的界面中，设置尺寸标注的样式。

2. 设置样式

在"符号和箭头"选项中，设置箭头样式为"建筑标记"，其他选项保持不变。

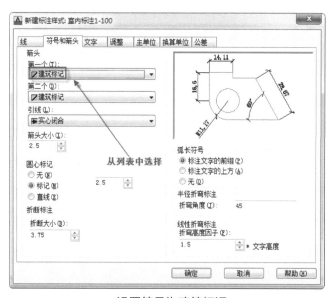

● 设置符号为建筑标记

在"文字"选项中，设置文字样式为"txt.shx"字体，其他选项保持不变。

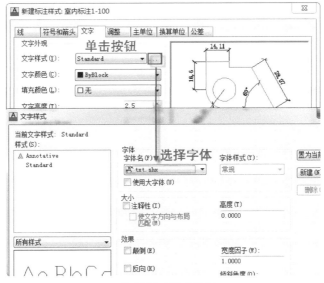

● 选择尺寸数字字体

在"调整"选项中，设置标注特征比例参数，其他选项保持不变。

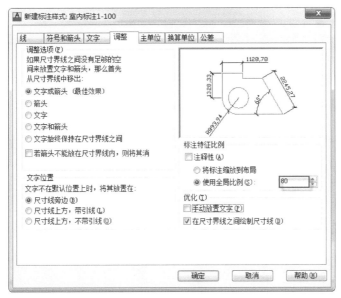

● 设置调整比例

在"主单位"选项中，设置小数分隔符为"句点"，其他选项保持不变。

● 小数分隔符

参数设置完成后，单击"确定"按钮，完成标注样式的新建操作。

> **注意事项** 要设置不同的尺寸标注比例，只需要更改"调整"选项中的"标注特征比例"即可。在进行标注样式新建或编辑时，上述内容仅介绍常用的选项，对于其他选项请读者自行参阅或查询，在此不再赘述。

2.3.2 标注样式编辑

尺寸标注样式新建完成后，需要进行部分调整或是编辑时，可以对其进行标注样式的编辑操作，以获得符合行业标准和输出比例的标注样式。

在命令行中输入"D"并按【空格】键或单击"注释"选项标注中的 按钮，弹出尺寸标注样式管理器，从左侧列表中选择要编辑的样式，单击"修改"按钮，在弹出的界面中，进行设置即可。

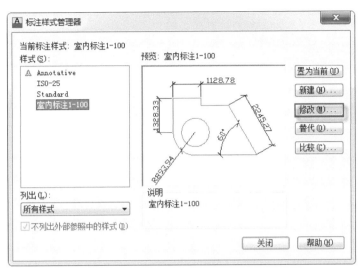

●修改标注样式

样式修改完成后，单击"确定"按钮，完成标注样式的标注编辑操作。

A▷ **2.4** 设计中心

在AutoCAD软件中，设计中心为绘制图形提供了参考模板的功能。通过设计中心，可以将某一文件中的图层、图块、外部参照、文字样式、标注样式、多重引线样式、线型、布局等元素调入到另外的文件中来使用。方便绘制公共样式相同的多个图形文件，实现资源和素材共享，方便同组设计师们团结合作。

设计中心也提供了查看和重复利用图形的强大工具，用户可以浏览本地系统文件、网络驱动器，甚至从Internet下载文件。

2.4.1 查看设计中心

在进行项目合作时，可以由负责人来设置当前图纸的统一样式和标准，再将当前文件分享给团队中的其他成员，使用设计中心功能，在项目团队中实现图纸规范和标准的统一。对于设计中心的功能使用，需要AutoCAD软件完全安装，才能正常查看和使用。

1. 开启设计中心

启动AutoCAD软件后，切换到"视图"选项，单击"选项板"中的▦按钮，或按【Ctrl+2】组合键，弹出设计中心对话框，当前为选中文件可以调用的选项。

● 设计中心界面

2. 界面说明

设计中心的界面类似于电脑中的"资源管理器"界面，左侧为浏览文件列表，右侧显示"打开的图形"和"历史记录"等供选择的可切换的选项，通过"+"和"-"可以打开或折叠文件信息。

● 折叠选项

顶部的按钮，可以打开文件，包括本地、网络、收藏夹和主页等位置的文件。选择到要引用的文件后，在右侧详细图标的位置，显示当前可以引用的选项。

● 文件可以引用的选项

2.4.2 使用设计中心

对于经常绘图的设计师来说，可以将绘图时所用到的图层、图块、文字样式、标注样式、布局等属性，统一在一个空白的文件中进行设置并保存，在以后绘制图形时，可以通过设计中心将公用的绘图选项快速载入，实现绘图的模板操作。

设置引用的选项

新建文件，依次设置图层、文字样式、标注样式等属性，并将该文件保存为"设计中心.dwg"。

新建文件，按【Ctrl+2】组合键，打开设计中心操作界面，从左侧列表中选择刚刚保存过的文件，将其打开。

● 选择要引用的文件

双击右侧缩略图中的"图层"图标，弹出可以引用的图层名称，将要引用的图层选中并单击鼠标右键，从弹出的屏幕菜单中，选择"添加图层"，可以将图层添加到当前文件中。

将图层添加到当前文件

● 添加图层

此时，在当前文件的图层下拉列表中，就可以显示刚刚添加到当前文件中的图层信息。

● 图层加载完成

同样，在设计中心操作界面中，其他可以引用的方面也可以加载到当前文件中，实现绘制图形模板的操作。

微信扫一扫，随书视频就来到！

文字标注与设计中心：http://pan.baidu.com/s/1sj0YGjz

微信扫一扫，随书视频就来到！

图层0用法和清理：http://pan.baidu.com/s/1Eu5WU

▲▷ 2.5 本章练习

通过本章绘制前基本设置的学习，练习以下的操作题目。

创建包括图层、文字样式、标注样式的绘制模板文件，并通过设计中心来引用。

新建室内设计尺寸标注的另外常见的两种比例（1：50和1：20）样式。

▲▷ 2.6 本章小结

本章对图形绘制前的基本属性设置进行了介绍，在进行绘制时，可以将图层、文字样式、标注样式等公用属性，通过设计中心的方式在其他文件中设置，快速实现资源共享和模板共享，便于后面的图形绘制。

第3章
空间格局
平面图

　　绘图前的各项准备工作完成以后，接下来就要学习正式的图纸绘制。平面图绘制是整个室内设计的基础，反映了各个居室的布局和房间的功能、面积以及门窗的位置。根据业主的建议和意见，设计师通过俯视的角度将平面的规划通过图纸表达出来。

AutoCA

● 原始结构图　● 改造平面图　● 平面布置图　● 线路平面图

A▷ **3.1** 原始结构图

设计师根据实际测量的尺寸数据，在AutoCAD软件中将室内平面的原始结构图绘制完成，再将设计过的平面布置图绘制完成，方便对原始结构改造的内容进行查看。原始结构图是室内空间最真实的体现，在绘制时不需要添加设计师的想法在里面。

3.1.1 绘图准备

原始结构图是所有平面图中最先开始绘制的图纸。在进行正式绘制前，还需要做其他几项准备工作，就如同我们平时在手绘时，需要准备绘制的工具和纸张一样。

1. 软件显示设置

启动AutoCAD软件后，需要通过"选项"的方式，设置显示光标大小、拾取框大小等基本设置。将软件界面下方的"栅格"辅助功能关闭，对于工作区域默认的背景颜色，根据个人喜好，可以设置成黑色或白色。

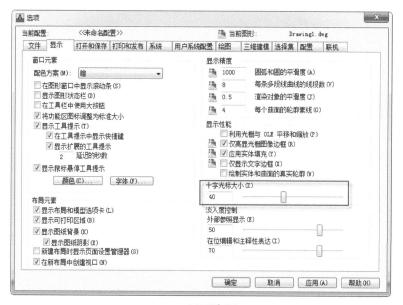

● 显示选项

2. 打开和保存设置

在选项对话框中，切换到"打开和保存"选项，调整图形文件另存为时的版本和自动保存的时间间隔。

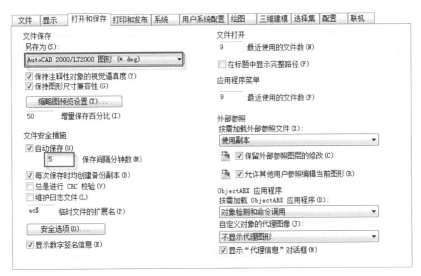

●打开和保存

3. 图层设置

利用"动作"或"设计中心"的操作方式，将多个与绘图有关的图层快速生成或加载到当前文件中来。

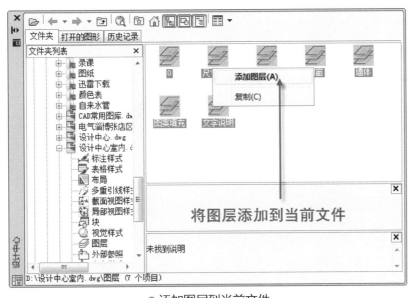

●添加图层到当前文件

3.1.2 正式绘制

准备前的各项工作完成后，接下来就进入到正式的图纸绘制。根据测量的草图绘制原始结构平面图。

为了方便广大读者能理解笔者的作图思路，将本案例所用到的草图附带显示。

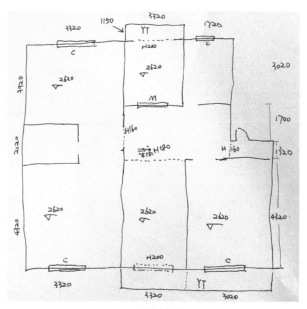

● 手绘草图

1. 绘制内部墙线

在命令行中输入"L"并按【空格】键，在页面中单击确定图形的左下角起点位置，鼠标水平移动，直接输入"3320"并按【空格】键，保持鼠标水平方向，依次输入"240"并按【空格】键，"3320"并按【空格】键，"240"并按【空格】键，"3020"并按【空格】键，绘制完成一条水平直线。

水平线条

● 水平线条

　　鼠标向上移动，保持与水平线垂直，依次输入"4320"并按【空格】键，"240"并按【空格】键，再按【空格】键，结束右侧线条绘制。

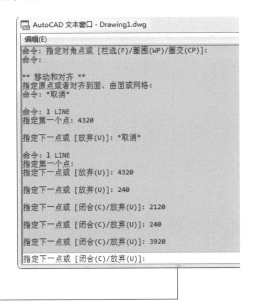

● 右侧线条

　　再次按【空格】键，启用直线绘制命令，单击拾取左下角的起点，依次输入"4320"并按【空格】键，"240"并按【空格】键，"2120"并按【空格】键，"240"并按【空格】键，"3920"并按【空格】键，完成左侧边线绘制。

● 左侧边线

　　鼠标保持水平方向，依次输入"3320"并按【空格】键，"240"并按【空格】键，"3320"并按【空格】键，"240"并按【空格】键，"1720"并按【空格】键，完成顶部线条绘制，鼠标向下保持垂直，输入"3020"并按【空格】键，"240"并按【空格】键，"1700"并按【空格】键，"C"并按【空格】键，完成线条的闭合操作。

● 内侧墙线闭合

注意事项　在AutoCAD软件中,【Enter】键与【空格】键作用相同,输入字符时除外;当鼠标为空命令状态时,直接按【空格】键,重复执行上一次操作命令;绘制图形过大且鼠标滚轮滚动无法实现移动、缩放操作时,可以双击鼠标滚轮,执行全部显示的操作。

2. 生成墙体

在命令行中输入"PE"并按【空格】键,根据命令行的提示,将生成的内部墙线转换为"多段线"操作。

● 单一线条合并为多段线

在命令行中输入"O"并按【空格】键，启动"偏移"命令，根据命令行的提示，对内侧墙线执行240距离的向外偏移，生成外侧墙线。

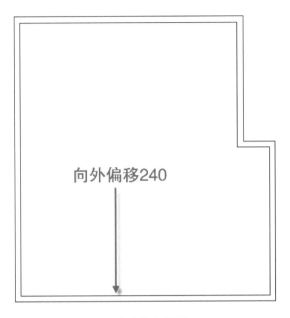

● 生成外部墙线

在命令行中输入"X"并按【空格】键，将当前的外部墙线执行"分解"操作，鼠标单击选择左下方内部墙线，将两段墙中间距离为 "240" 的线条选中，并按【Delete】键，将其删除。

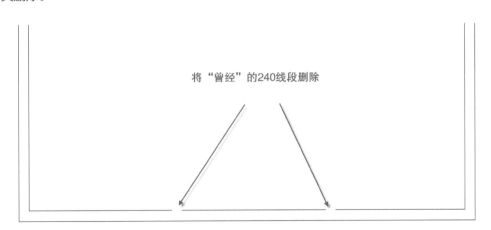

● 删除240线段

在命令行中，输入"L"并按【空格】键，将中间的240线段位置做连接，将相交处多余的部分，通过【修剪】命令修剪完成，生成内部墙体线条。

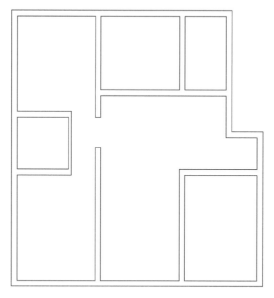

● 连接240线段生成内墙

根据手绘草图的尺寸和示意，将中间的门窗和阳台绘制完成。

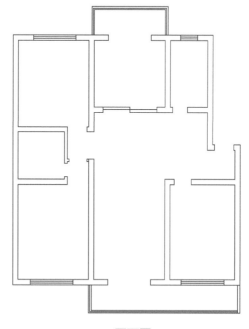

● 平面图

在图层列表中，切换到虚线所在的图层，绘制平面图中的横梁造型。对于虚线线条的显示效果，可以通过"LTS"参数来设置。

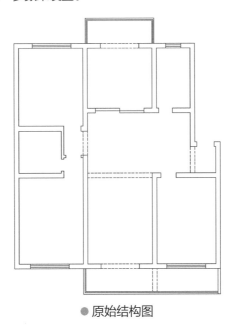

● 原始结构图

3. 尺寸标注

通过"设计中心"的操作功能，选择绘图模板中的标注样式并单击鼠标右键，加载到当前文件中。切换到"注释"选项，从标注样式下拉列表中选择加载的样式。

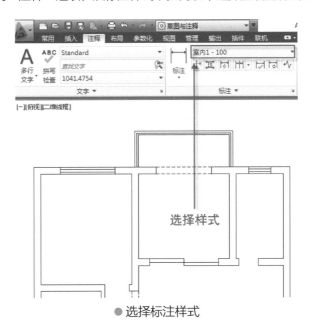

选择样式

● 选择标注样式

将当前操作图层切换到"尺寸标注"图层，从"标注"下拉列表中选择"线性"标注，依次单击需要进行尺寸标注的两个端点，完成第一段尺寸距离的标注。

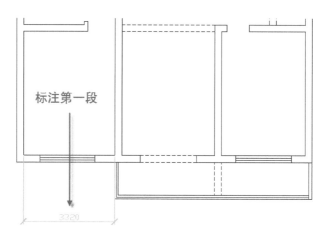

● 线性标注

单击标注工具栏中的"连续标注"图标，依次单击需要标注的各个端点，完成一侧的尺寸标注。

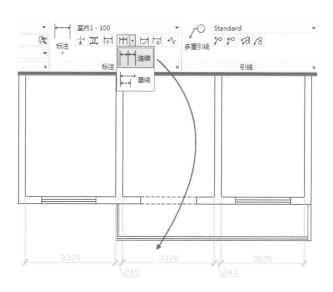

● 连续标注

对于中间多余的"240"标注，可以直接选择，按【Delete】键将其删除，用同样的方法，将另外的三边的墙体进行尺寸标注。

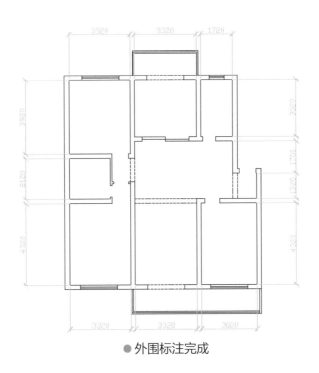

● 外围标注完成

　　沿四周标注外围绘制辅助线，通过"夹点编辑"的操作方式，调整尺寸标注的起点位置，形成最后的尺寸标注效果。

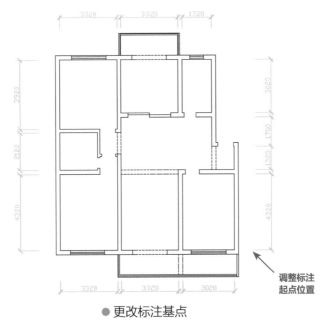

调整标注
起点位置

● 更改标注基点

　　最后，将各个空间的标高进行标注并进行文字说明，通过文字工具，在图形底部进行图标标注，完成原始结构平面图的绘制。

原始结构平面图

● 原始结构图

微信扫一扫，随书视频就来到！

原始结构平面图：http://pan.baidu.com/s/1c0GYotM

A▷ 3.2 改造平面图

改造平面图，顾名思义就是在原始结构的基础上，对室内各个空间进行改造的平面图，根据业主和设计师沟通的结果，将需要改造或改建的地方通过平面图进行标识。在进行墙体改造时，需要注意墙体的结构，对于承重墙是不能进行改造的。通过绘制改造平面图，方便后续核算工期和进行装饰预算。

在进行室内装修时，若需要对原墙体或空间进行改造时，需要在原始结构图纸的基础上，进行改造标识，方便施工工人查看图纸标识和实际的现场施工。

1. 复制原始结构平面图

在鼠标为空命令的状态时，单击并框选所有的平面图对象，单击选择其中一个"夹点"，按一下【空格】键，在命令行中输入"C"并按【空格】键，通过夹点编辑的方式，将原始结构平面图复制生成改造平面图。

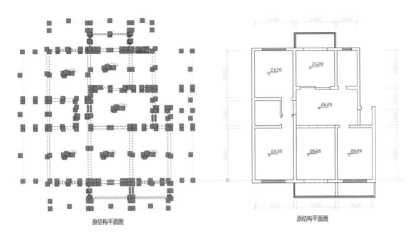

● 复制原始结构平面图

鼠标双击复制后的"原始结构平面图"文字字样，将内容更改为改造结构平面图。

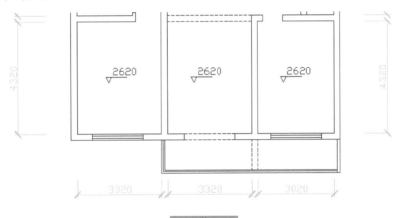

改造结构平面图

● 更改名称

2. 绘制改造部分

根据业主和设计师们的交流，将客厅与餐厅的推拉门去掉，厨房用推拉门实现通透空间，主卧室的衣帽间更改开门的位置。因此，需要拆墙和砌墙的工程，对于拆墙和砌墙需要在原图纸的基础上进行绘制和标记。

通过"直线"工具，将需要拆除的墙段绘制形成闭合的区域，在命令行中输入"H"并按【空格】键，切换到图案填充界面，选择图案，设置角度和比例。

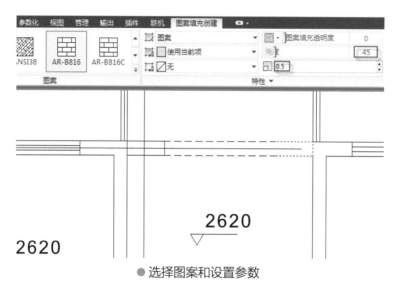

● 选择图案和设置参数

鼠标置于要填充的区域时，会显示预览的填充效果，比例不合适时，可以直接设置比例，依次单击闭合区域，单击右上方"关闭图案填充创建"按钮，完成拆墙的图案填充。

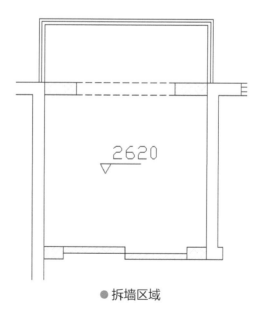

● 拆墙区域

3. 绘制砌墙区域

在主卧室的衣帽间位置，绘制线条，在原门口处形成闭合区域，通过图案填充的方式，填充改造型平面图中需要砌墙的区域。

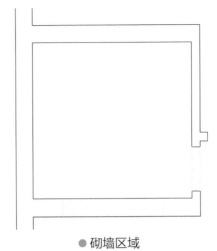

● 砌墙区域

4. 绘制图例

在当前改造平面图的右下角区域，绘制用于表现拆墙和砌墙的矩形并进行相关的图案填充，进行文字说明。

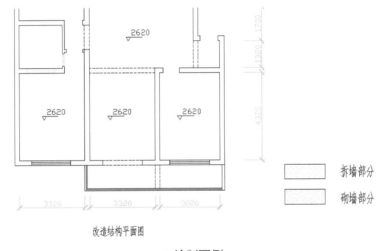

改造结构平面图

● 绘制图例

微信扫一扫，随书视频就来到！

改造平面图：http://pan.baidu.com/s/1qWr7pqW

A▷ 3.3 平面布置图

　　平面布置图也称平面布局图，用于将整个空间的规划和功能区的划分通过图块的方式进行标识，对于局部需要立面图来表现的，也需要在平面图中进行索引标注。

　　平面布置图在进行家具摆放和调整位置时，需要考虑室内设计的禁忌元素。平面布置图分为家具布置、图案填充和引出标注等操作环节。

3.3.1 家具布置

　　在平面图布置图中，通过各个类型的图块摆放，确定空间的规划和设计，将设计师的设计思路通过平面图的方式表达出来。

　　在平面图中，不同类型的图块只是外观样式的表现不同，具体施工时，以实际的家具样式为主。

1. 生成平面图

　　在鼠标为空命令状态时，单击鼠标左键并框选所有改造平面图中的线条，单击选择需要编辑的"夹点"，按【空格】键，在命令行中输入"C"并按【空格】键，通过"夹点编辑"的方式，生成平面布置图的雏形外观，将需要拆墙和砌墙的位置调整好。

2. 卧室布置

　　将当前操作图层更改为"家具"图层，按【Ctrl+2】组合键，将模板通过"设计中心"的操作方式将其打开，双击右框里的图块对象，选择需要加入的图块，单击鼠标右键，在弹出的屏幕菜单中，选择"插入块"命令，在当前文件中单击置入，通过"夹点编辑"的方式，调整图块尺寸大小和摆放位置，完成卧室床对象的创建。

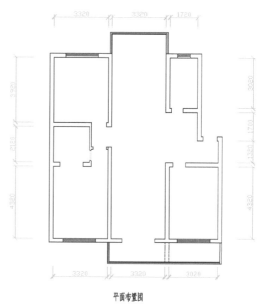

平面布置图

● 平面布置图

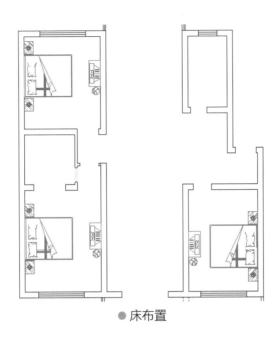

● 床布置

3. 衣柜和衣帽间布置

在主卧室中需要布置衣帽间，另外的两个卧室需要布置衣柜造型。在此，介绍另外一种导入图块的方法。

在有衣柜的图块文件中，选择衣柜图块对象，按【Ctrl+C】组合键，返回当前文件中，按【Ctrl+Shift+V】组合键，将选择的图形执行"粘贴为块"操作，调整衣柜对象在平面图中的位置，完成衣柜和衣帽间的平面布置效果。

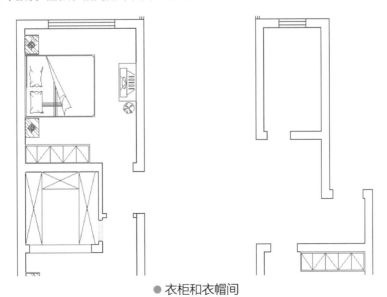

● 衣柜和衣帽间

4. 客厅、餐厅平面布置

在进行客厅、餐厅等空间的平面布置时，方法与卧室、衣柜的平面布置类似，将图块复制并粘贴到当前文件中，调整图块的大小和位置。

5. 厨房、卫生间平面布置

将厨房、卫生间的图块，采用同样"粘贴为块"的操作方法，置入到当前平面图，并调整位置。

6. 门和其他细节布置

在平面空间布局主体基本绘制完成后，采取同样的方法，将门和其他细节的平面图布置完成。

● 客厅、餐厅布置

● 厨房、卫生间布置

● 布置完成

3.3.2 图案填充

在进行室内装饰设计时，为表示某一区域的特征或物理属性，需要对其进行相关样式的图案填充。在室内装饰平面布局图中，通过图案填充来表示地面的装修方案。列出平铺方案样式和施工的操作方法，方便进行装饰预算。

3.3.3 实木地板

在当前三室两厅的平面图中，对于三个卧室中的地面，设计时使用实木地板材料，因此，在平面布置图当中，需要对三个卧室进行实木地板的图案填充标识。

1. 设置或新建图层

在命令行中输入"LA"并按【空格】，在弹出的图层管理器界面中，新建或选择图层为图案填充所在图层，并置为当前操作图层。

● 选择或新建图层

2. 主卧室进行图案填充

在命令行中输入"PL"并按【空格】键，在主卧室的位置绘制线条，形成局部闭合区域，在命令行中输入"H"并按【空格】键，在弹出的图案填充界面中，选择图案，设置比例和角度，单击并按【空格】键，完成实木地板的图案填充。选择绘制的"多段线"，按【Delete】键，将其删除。

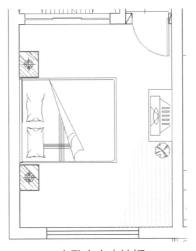

● 主卧室实木地板

3. 其他卧室地面

通过使用"多段线"工具绘制局部闭合区域，填充图案的方法，将另外两个卧室和衣帽间的地面进行相关的图案填充。

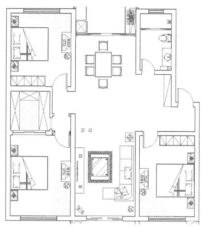

● 卧室实木地板图案

3.3.4 地砖或大理石

在当前室内装饰平面图中，对于客厅、餐厅地面采用大理石铺设，卫生间、厨房、阳台采用地砖铺设。在进行平面布置图绘制时，当平铺时采用的图案或尺寸不同时，需要进行文字注释。

1. 大理石铺设

在命令行中输入"PL"并按【空格】键，绘制客厅、走廊、餐厅等空间的局部闭合区域，在命令行中输入"H"并按【空格】键，对其填充800×800的大理石矩形图案。

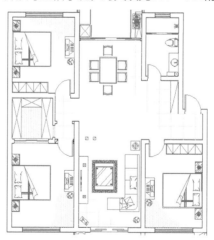

● 大理石区域图案填充

2. 地砖铺设

采用与"大理石"图案填充类似的方法，对厨房、卫生间和阳台等平面空间进行地砖铺设的图案填充。

● 厨房、卫生间地砖铺设

3.3.5 引线标注

在平面布置图的图案填充操作完成后，整个平面布置图已经初步成形。通过各个空间中家具的摆放和格局的划分，已经能够将业主的意见和设计师的思想表达出来。对于另有立面详图的局部位置需要进行"方向标识"和"引线标注"等操作，才可以将更多的设计信息表达到平面图中。

1. 方向标识

方向标识用于在平面图中，标识立面的观察方向。设计师或施工人员通过方向标识，准确快速地定位到具体的某一立面图纸。

选择"墙体"所在的图层为当前操作层，在命令行中输入"PL"并按【空格】键，单击确定多段线的起点，通过"宽度"参数，设置多段线条的宽度，绘制方向标识的箭头图标，通过"DT"命令，进行单行文字输入，输入文字标识的具体内容。

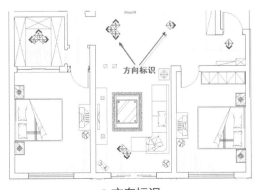

● 方向标识

2. 引线标注

通过引线标注的操作方式，对于当前平面图中另有立面详图的区域进行指向索引的引线标注。

在"注释"工具栏中，单击"引线"选项中的 ▣ 按钮，在弹出的多重引线样式编辑器界面中，单击右侧的"修改"按钮，设置引线箭头样式和大小等参数。

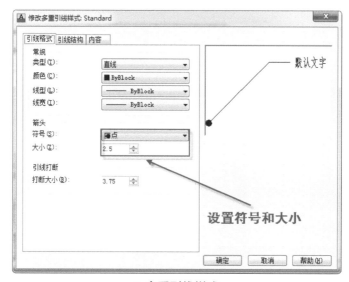

● 多重引线样式

从"图层"列表中选择"文字说明"层为当前操作图层，在平面图中，绘制多重引线样式并进行文字标注，完成引线标注的操作。

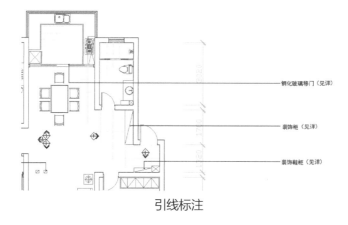

引线标注

引线标注操作完成后，在鼠标为空命令状态时，双击鼠标左键，对当前平面图的图名进行重命名操作，完成平面布置图的绘制。

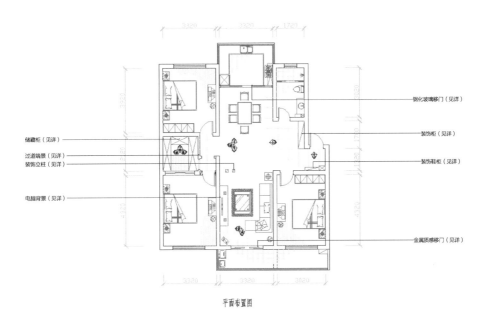

储藏柜（见详）

过道端景（见详）
装饰立柱（见详）

电脑背景（见详）

钢化玻璃移门（见详）

装饰柜（见详）

装饰鞋柜（见详）

金属质感移门（见详）

平面布置图

● 平面布置图

微信扫一扫，随书视频就来到！
平面布局图：http://pan.baidu.com/s/1pJGBPk3

A▷ **3.4** 线路平面图

在进行平面图绘制时，线路平面图并不是每个室内设计都需要绘制的图纸，一般情况下，进行室内部分工装、家装等需要线路改造的室内设计时，需要绘制线路平面图。若在进行装修设计时，室内的线路不进行更改或施工，可以不用绘制线路平面图。

在进行室内设计时，线路平面图通常包括开关布置图、插座布置图、弱电布置图等平面图形。通过连线和图例进行线路平面图的绘制。

3.4.1 开关布置图

开关布置图用于表达室内装饰过程中灯具和控制开关的分布情况，包括对原有开关或灯具的部分改造工程。

1. 复制平面图

在鼠标为空命令状态下，选择"平面布置图"图形，通

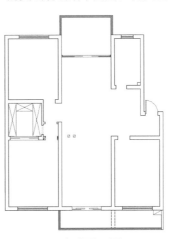

● 生成平面图

过"夹点编辑"的方式，对图形执行复制操作，生成开关布置图的底图，将室内的家具所在的图层执行"隐藏"操作。

2. 新建图层

在命令行中输入"LA"并按【空格】键，在弹出的图层样式管理器对话框中，新建图层并置为当前层，用于存放灯具和开关等造型对象。

● 新建图层

3. 绘制灯具

根据业主的意见和建议，设计师在客厅和餐厅进行了多种灯具的设计，包括吸顶灯、灯槽和LED筒灯等造型。

通过矩形创建矩形方灯，在边缘进行图案填充，生成造型灯形状，通过圆形创建LED筒灯形状。

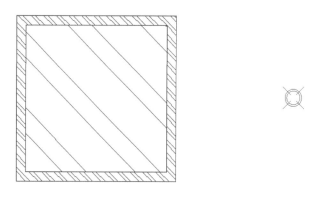

● 方形灯和LED筒灯

选择方形灯，通过"夹点编辑"的方式，生成平面图中各个空间的灯具并进行适当缩放和调整位置。

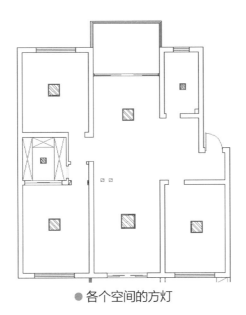

● 各个空间的方灯

将绘制的LED筒灯进行空间分布，包括客厅、餐厅和走廊等位置，将灯槽的分布通过直线来绘制。

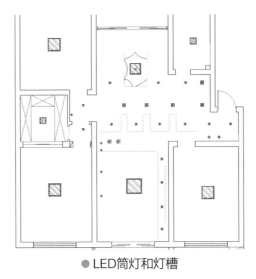

● LED筒灯和灯槽

4. 布置开关和连线

在进行室内设计时，需要遵循以人为本的设计原则，如，卧室的开关在设计时，选用双开关，在床头和门口处都安装开关。

在场景中创建灯具开关造型，使用"圆弧"工具连接各个灯具与开关造型，保证回路正常。

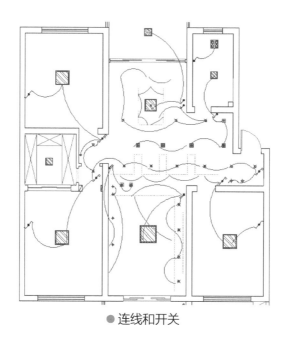

● 连线和开关

5. 绘制图例

整个线路平面图绘制完成后，需要在右下角的位置绘制图例，方便业主和施工人员查看。当前平面图中所用到的图例如右图所示。

图 例 说 明	
▰	分户配电箱
↗	一位单控开关
↗	二位单控开关
↗	三位单控开关
↗	一位双控开关
↗	二位双控开关
↗	三位双控开关

● 图例说明

3.4.2 插座分布图

在进行室内设计时，插座通常包括电源插座、电视插座、电话插座和网线插座等。

电源插座用于给家用电器提供电源接口，在进行室内设计时，根据民用住宅建筑设计的规范，合理安排和布置插座，既要满足日常的电源接口使用，又要保证装饰材料的合理使用。

在进行平面电源插座布置时，对于大功率的插座对象，如空调插座，需要单独的回路和接地线设计。

1. 卧室插座布置

在进行卧室插座布置时，按照"头四脚三"的原则来分布插座。即床头的位置有两个电源插座、一个空调插座、一个电话插座，床脚的位置有两个电源插座和一个电视插座。

将"平面布置图"通过"夹点编辑"的方式生成"插座分布图"。

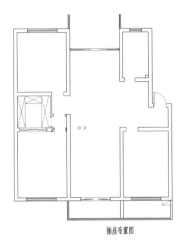

插座布置图

● 复制生成平面图

通过"创建块"或"设计中心"的方法，生成插座分布所用的图块对象。

宽带	音响	空调	防溅插座
五孔插座	有线电视	电话	

● 插座样式

在命令行中输入"LA"并按【空格】键，新建图层并置为当前层，依次在卧室中插入图块对象。

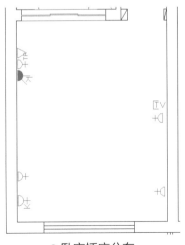

● 卧室插座分布

2. 客厅、餐厅和其他空间插座分布

　　采用与卧室插座分布类似的方法，在客厅、餐厅中布置插座，只是插座的位置和个数有所不同。

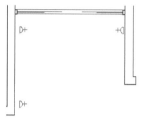

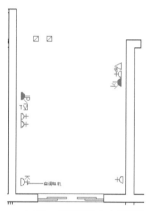

● 客厅、餐厅插座布置图

　　采取相同的方法，绘制另外空间的插座分布情况。

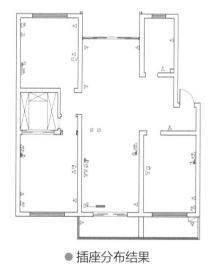

● 插座分布结果

3. 绘制图例

　　在插座平面布置图右下方，绘制不同符号对应的图例样式。

图 例 说 明

◤	分户配电箱
⬓K	宽带插座
⬓P	音响线盒
⌄K	空调插座
⌄F	防溅插座
⌄	五眼插座
TV	有线电视接线盒
△TP	电话线盒

● 插座图例

🅰 3.5 本章练习

　　根据本章所学习的平面图绘制方法，结合手绘草图，利用AutoCAD软件绘制原始结构图、改造平面图、平面布置图和线路平面图等内容。参考草图如下图所示。

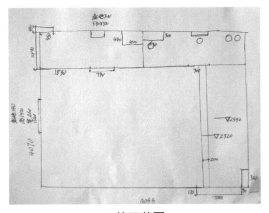

● 练习草图

🅰 3.6 本章小结

　　本章从实际绘制工程图纸的角度出发，详细讲解了原始结构图、改造结构图、平面布置图和线路布置图的绘制方法，希望广大读者跟着书本的讲解或视频教学，认真熟悉相关图纸的绘制操作，掌握室内设计平面图的基本绘制方法。

第4章

细节展现
立面图和剖面图

在进行室内设计时，平面图用于表达空间的格局和分布，具体的图纸数据和施工细节，还需要立面图、剖面图来表现。在立面图中，将家具或造型的实际尺寸进行表现，要求尺寸数据完整，也为后期的施工提供理论依据。当造型复杂或需要将局部细节进行展示时，也需要通过剖面图来表现。

AutoCA

● 家具立面图　● 影视墙立面图　● 吊顶剖面图

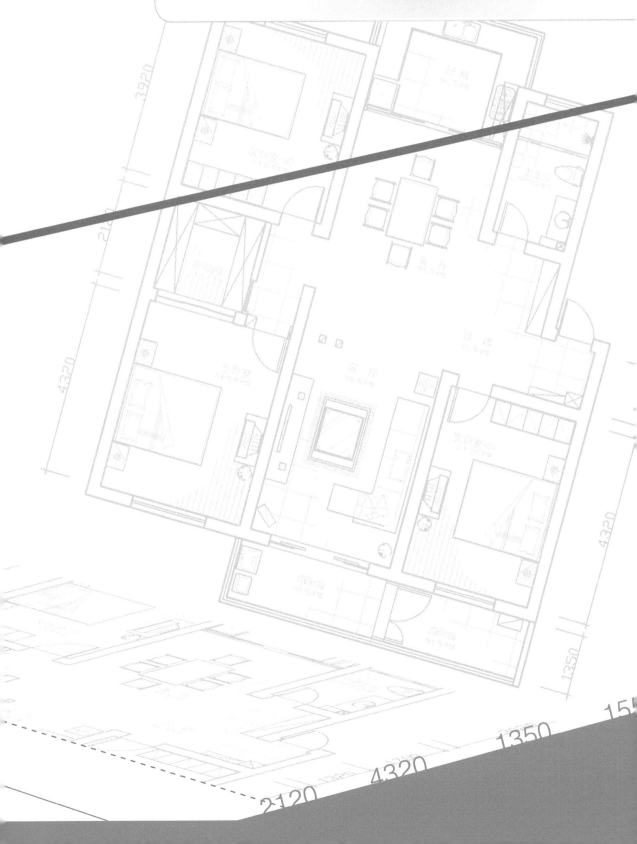

Ⓐ▷ **4.1** 家具立面图

在进行室内设计时，需要由装饰公司设计并制作的家具，在正式施工之前，都需要绘制家具立面图，便于跟业主协商家具的立面样式和实际的板材、纹理。对于由业主自行购买的成品家具，只需要在出效果图时，建议家具的颜色和风格即可。

在进行室内设计时，常见的家具立面图包括玄关或装饰鞋柜、博古架、酒柜、衣柜等造型。

4.1.1 装饰鞋柜立面图

在进行室内设计时，在入户门和房间起居室之间，通常要在门口迎面的位置添加玄关或装饰的鞋柜来进行摆放和遮挡。

根据平面布置图中入门装饰柜的标识，绘制装饰鞋柜的立面图。

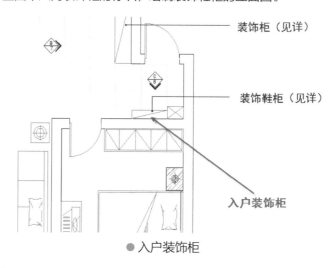

●入户装饰柜

1. 绘制鞋柜外框

根据当前地面与房顶之间的尺寸和平面图的尺寸，创建鞋柜的外框尺寸，使用矩形工具，绘制1800mm×2620mm的矩形对象，将其执行"分解"和"偏移"操作，生成底部四个门面图形。

●外框和尺寸

2. 底部面板

将最底部线条向上"偏移"50mm复制生成底部线条，再向上"偏移"80mm，生成鞋柜面板底部，再向上"偏移"700mm生成面板上边界，绘制面板把手和打开方向的符号标识。

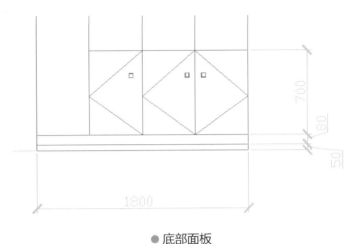

● 底部面板

3. 中间台面

将底面板上面的线条，分别向上"偏移"150mm和50mm操作，修剪中间线条，生成中间抽屉和上方人造石台面板。

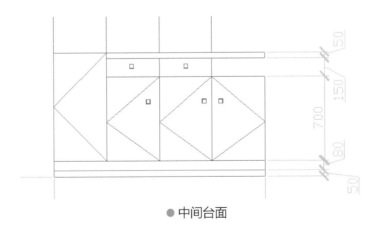

● 中间台面

4. 顶部和LED灯

从左侧中间面板线条，向上"偏移"1220mm，生成鞋柜左面板边缘，再向上"偏移"190mm，生成鞋柜顶端，添加LED灯图块样式并进行图案填充。

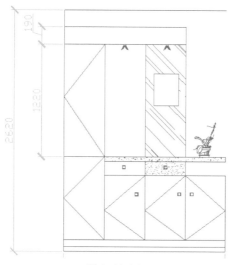

● 鞋柜基本样式

5. 引线标注

在立面图中，对于造型的材料或颜色等信息，需要通过引线标注的方式进行注明。

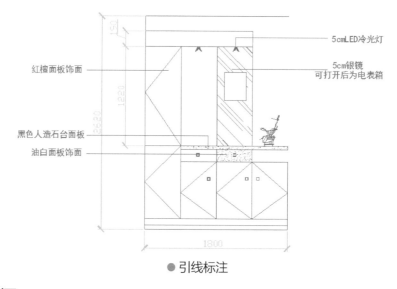

● 引线标注

6. 局部剖面

在进行装饰鞋柜设计时，对于鞋柜"厚度"尺寸方面的数据，则需要通过绘制局部剖面来表现。在后续知识点中，再介绍剖面图的绘制。

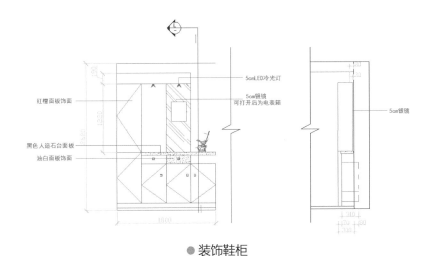

● 装饰鞋柜

4.1.2 衣柜立面图

在进行室内装修时，根据业主的意见或想法，决定装修时制作衣柜还是买成品衣柜，对于后者，在进行室内图纸绘制时，不需要设计衣柜立面图，只需要在出效果图时，给出大体的颜色和风格即可。通常情况下，对于衣帽间的衣柜组合，需要在装修时统一制作。

在本案例中的衣帽间共有三个衣柜造型，在设计时，根据平面图中的方向标识，设计出不同方向观看的立面衣柜造型效果。

1. 查看平面图方向标识

在"平面布置图"中，查看衣帽间的方向标识。

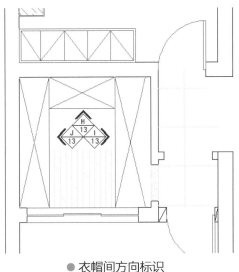

● 衣帽间方向标识

2. 绘制H13方向衣柜

H13方向的衣柜为进入衣帽间正面对的衣柜造型，绘制2100mm×2400mm矩形作为衣柜的外框图形边界，将其分为500mm、1100mm和500mm三个空间。

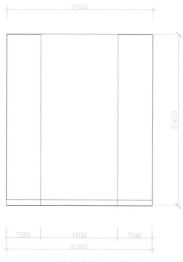

● 衣柜外框和样式

将衣柜中间线条"偏移"20mm，生成中间隔板的厚度尺寸，通过"偏移"的方法，生成中间的隔断造型。

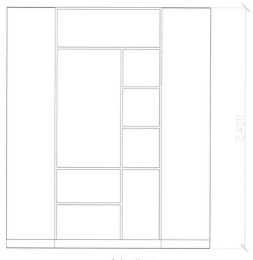

● 中间分隔

将衣服和被子的图块导入到当前文件中，标识空间的属性样式，完成H13方向衣柜的绘制。

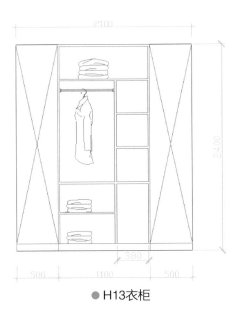

● H13衣柜

3. 绘制J13立面衣柜

在I方向和J方向绘制2120mm×2400mm的衣柜造型，并根据实际需要进行分隔。

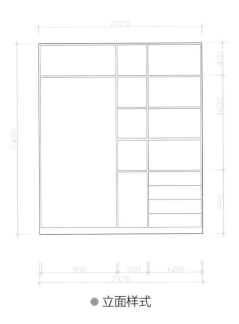

● 立面样式

在当前图形中，添加衣柜里面的衣服和被子图块，绘制抽屉把手样式。

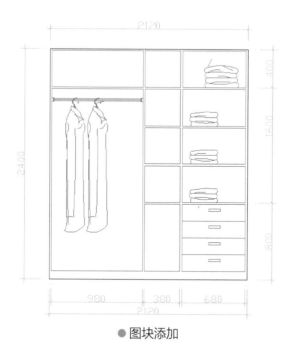

● 图块添加

在进行立面绘制时，对于"中空"的位置，需要添加"折线"线条来表现，绘制左侧推拉门样式。

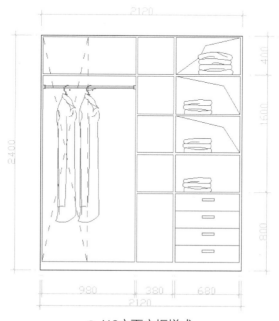

● J13立面衣柜样式

4. 绘制I13立面衣柜

I13立面衣柜与J13立面衣柜相对放置，尺寸相等，只是里面构造不同，在此不再赘述。

● I13立面衣柜

A 4.2 影视墙立面图

客厅作为会客和聚会的活动场所，有着不可替代的核心地位，在进行室内设计时，客厅的设计是一个重要的环节。在进行工装室内设计时，公司的会客区或是形象墙的位置，也是工装设计的一个重要部位。

在进行室内空间测量时，根据业主的建议和想法，可以将大体的样式进行提前沟通，方便在后续影视墙设计时，能够准确及时表达设计想法。

4.2.1 立面轮廓

在进行影视墙立面绘制时，根据在墙面上绘制的草稿，确定整个影视墙的样式和装饰风格，对于造型复杂的，还需要通过局部剖面来表达具体的施工细节。

1. 确定立面的边界

测量出影视墙的水平方向尺寸，根据平面图中的标高信息，绘制4600mm×2620mm矩形作为影视墙立面的边界轮廓，左侧150mm为窗帘盒子的造型，顶端200mm为客厅吊顶造型，与右侧的"横梁"保持水平。

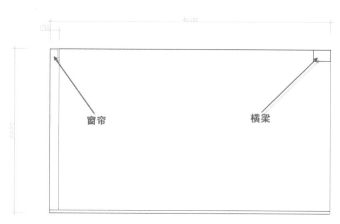

● 影视墙立面轮廓

2. 绘制影视墙造型

　　在本案例中，对于影视墙设计制作了一个基本的影视柜造型，根据设置的尺寸，创建影视柜造型。

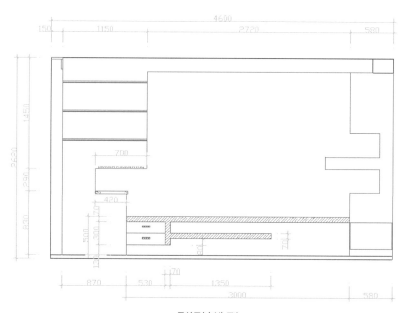

● 影视墙造型

3. 家电摆件

　　在立面图中，电视机顶部和右侧造型中，都需要添加LED灯，将影视墙照亮并体现现代感，将电视机、音箱、摆件等造型通过"图块"的方式添加到当前立面图中。

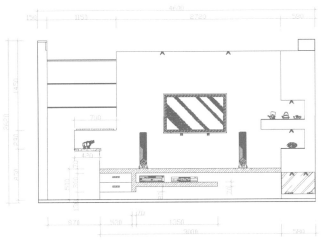

● 家电和摆件

4. 局部剖面信息

通过上面的立面图，可以表达出站在客厅中间，面向影视墙时的观察效果，对于具体造型的"厚度"和侧面信息，需要通过局部剖面来实现。

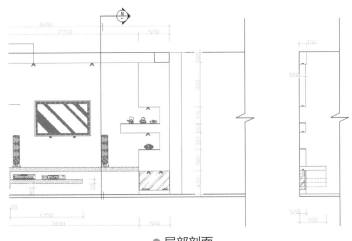

● 局部剖面

4.2.2 材料和做法说明

对于AutoCAD图纸来讲，虽然只是简单的线条样式，但是这里面却包含了大量的具体施工细节，包括当前造型使用的材料，具体的施工方法等信息。在进行设计时，设计师一定要清楚地将所有需要表达的信息都通过图纸来体现出来。单一的图形表达不完整时，需要进行图案填充和注释说明，且不能将装修设计的内容只停留在口头协议上。

1. 图案填充

绘制完成立面图后，对于需要通过图案来进行注释说明的区域，需要进行相应的图案填充。

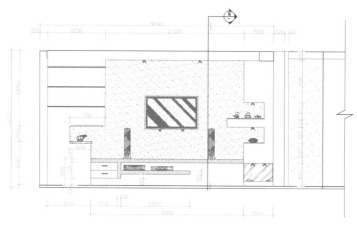

●图案填充

2. 做法说明

新建或选择做法说明所在的图层，在"注释"选项中，单击"多重引线"命令，在图形中单击选择引注的起点，再次单击选择多重引线的定位点，最后单击选择结束点，在弹出的多行文字编辑器界面中，输入文字注释的内容，单击"关闭文字编辑器"按钮，退出文字输入操作。

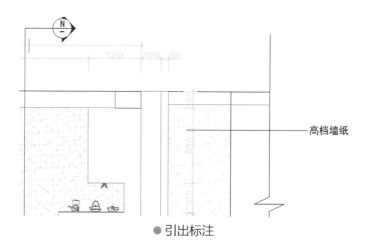

高档墙纸

●引出标注

采用同样的方法，将当前影视墙立面的其他部分进行文字标注的注释说明，完成影视墙立面效果。

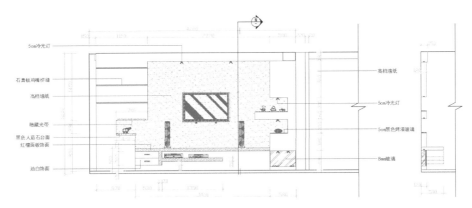

● 影视墙立面

微信扫一扫，随书视频就来到！

立面图绘制：http://pan.baidu.com/s/1jGtfy6q

A▷ 4.3 吊顶剖面图

在进行室内设计时，对于顶部的造型，无论是家装还是工装，都需要对原有的顶部墙面进行修饰，以遮挡原来的毛坯墙面和表达装饰设计的顶部效果。

在进行工装吊顶或做造型时，在保持美观的前提下，需要考虑房间顶部的各种管道、线路和消防设备等因素，确保线路和各种设备可以正常使用。在进行家装吊顶时，考虑到层高的因素，在保证空间高度充分的前提下，更好地利用空间来做房间顶部造型对象。

4.3.1 灯槽吊顶剖面

无论是在工装还是家装，灯槽造型类的吊顶都是比较常见的造型，用来增加客厅或空间的美观度，还可以合理利用空间，屏蔽原始的横梁造型。

在进行吊顶剖面图绘制时，吊顶的局部节点显得尤为重要，通过节点图形的备注和标识，可以为后续施工提供数据和尺寸依据。

根据平面图中的示意，绘制灯槽类吊顶的剖面图造型。

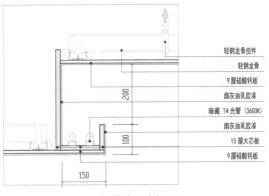

● 灯槽类吊剖面图

091

首先，新建空白文件，通过"设计中心"或"批处理"完成图层新建的基本操作。

● 图层列表

在立面图层中，创建矩形（600mm×600mm）作为剖面节点的边界区域，绘制矩形（400mm×10mm）作为中间隔板造型，绘制矩形（10mm×350mm）作为竖向隔板。

● 矩形

再绘制宽度为15mm的矩形，作为大芯板造型，绘制中间灯槽造型，为方便观察，将边界矩形改为红色。

●灯槽

切换当前图层，创建顶部轻钢龙骨造型，通过单线绘制吊筋的螺丝造型。

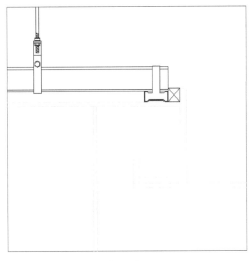

● 轻钢龙骨

绘制左侧、顶部和灯槽内灯的造型。

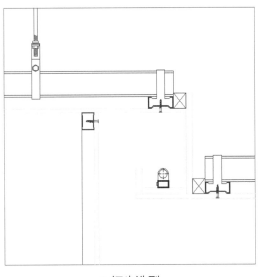

● 初步造型

其次，对剖面中需要了解细节的地方，进行尺寸标注。
切换到尺寸标注所在的图层，通过"线性标注"进行尺寸标注。

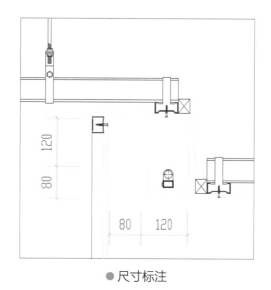

● 尺寸标注

最后，通过多重引线，对剖面图中的具体施工细节，进行引线文字标注。

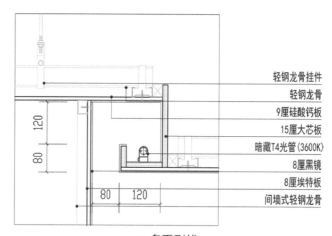

● 多重引线

4.3.2 中央空调剖面图

在进行工装吊顶装饰设计时，中央空调
的造型是比较常见的。因此，在进行工装类
室内设计时，需要将空调出风口的位置进行
准确合理的设计，遇到出风口处有烟雾报警
装置时，需要合理地处理，若尺寸较小可以
进行管道延长设计。对于管道延长或切割等
方面的操作，都需要统计在工程的总体预算
当中。

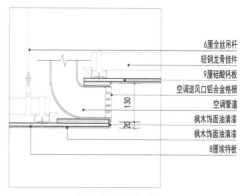

● 中央空调局部剖面图

图形绘制

根据平面图中的示意,绘制中央空调的剖面图。

首先,新建文件并选择图形所在的图层,在立面图层中,创建矩形(600mm×600mm)作为剖面节点的边界区域,绘制矩形为中间和竖直方向隔板。

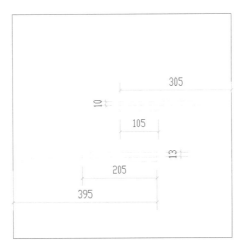

● 出风口示意

通过小矩形,创建出风口的铝合金格栅对象。

● 格栅造型

在出风口顶部和下方隔板的位置,添加轻钢龙骨造型,绘制的方法与上面灯槽做法类似,在此不再赘述。

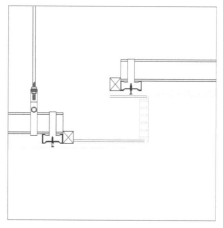

●轻钢龙骨

切换到轮廓图层，绘制直线并执行"圆角"操作，向左偏移5个单位，生成吹风管的厚度，再向左偏100个单位，生成吹风管内径尺寸，生成空调吹风管的剖面效果。

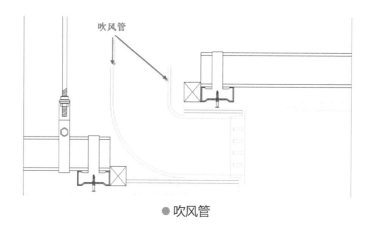

●吹风管

在空调出风口的上方，绘制"折断线"作为吹风管的临时边界图形对象。

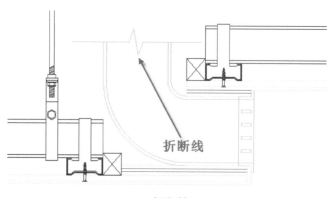

●折断线

其次，切换到尺寸标注所在的图层，通过"线性标注"的方法，对当前图形中重要的数据进行尺寸标注。

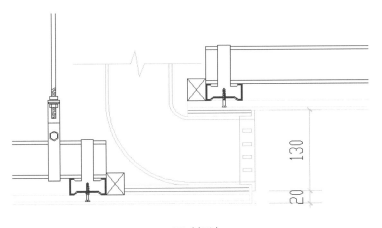

● 尺寸标注

最后，通过多重引线工具，对剖面图中的具体施工细节，进行引线文字标注，完成空调出风口的剖面图绘制。

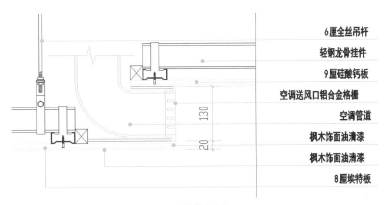

6厘全丝吊杆

轻钢龙骨挂件

9厘硅酸钙板

空调送风口铝合金格栅

空调管道

枫木饰面油清漆

枫木饰面油清漆

8厘埃特板

● 引线标注

4.4 本章练习

通过本章立面图和剖面图绘制方法的讲解，练习以下4个案例图形。

1. 立面练习

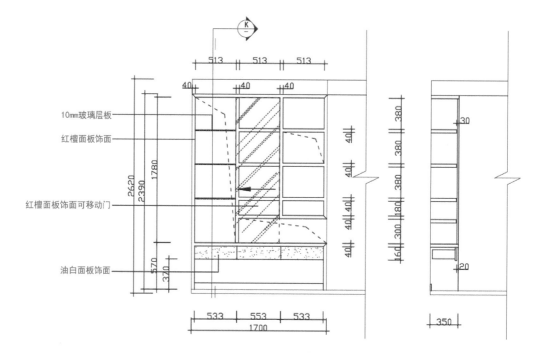

● 立面练习素材

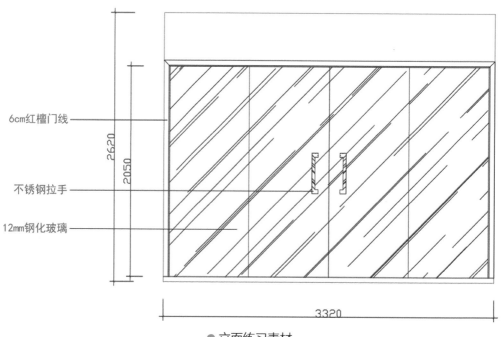

● 立面练习素材

2. 剖面练习

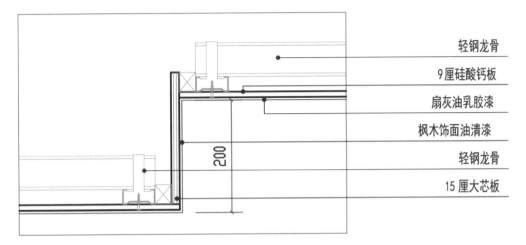

轻钢龙骨
9厘硅酸钙板
扇灰油乳胶漆
枫木饰面油清漆
轻钢龙骨
15厘大芯板

200

● 普通吊顶剖面练习素材

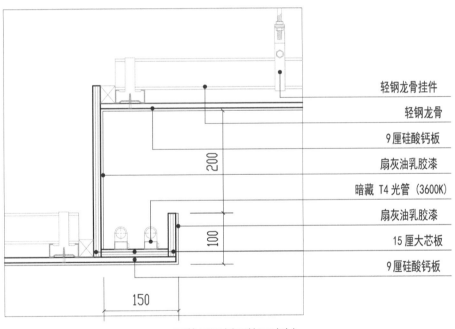

轻钢龙骨挂件
轻钢龙骨
9厘硅酸钙板
扇灰油乳胶漆
暗藏 T4 光管（3600K）
扇灰油乳胶漆
15厘大芯板
9厘硅酸钙板

200

100

150

● 工装吊顶剖面练习素材

△ **4.5 本章小结**

　　本章对图形的立面和剖面绘制方法技巧进行详细介绍，立面和剖面是日常进行室内设计时非常重要的一个环节，平面图可以查看整个空间的布局和结构，立面和剖面是为了表现具体的实际施工和细节，这些都是从初级设计师转向资深设计师必须掌握的绘图技能和方法，因此，希望广大读者认真学习，仔细练习，尽快向资深设计师转变。

第5章

图形的完美展现

打印输出

通过前面的平面图、立面图和剖面图的绘制，已经在电脑中将图纸通过软件的方法绘制完成，接下来就需要将绘制完成的图纸正确合理地输出，使其符合建筑绘图的各项标准和规范。

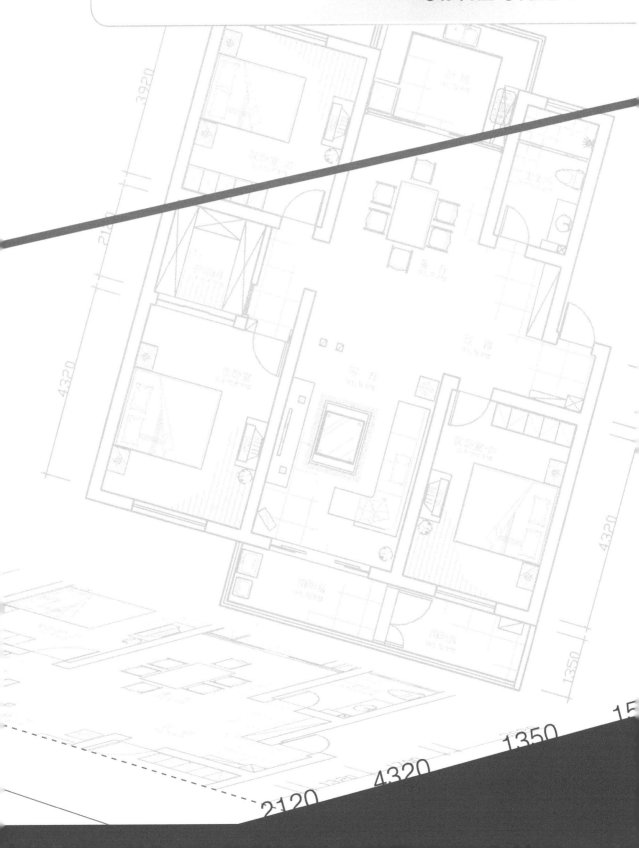

A▷ 5.1 打印设置

电子版图纸正确绘制完成以后，最终需要将其打印到纸质图纸上，以便在日常的装饰施工时，方便装饰工程的施工和监理。

不同的绘制方法和绘制思路，有着不同的打印输出设置。不同的打印输出设置，与打印时选择工作空间有关。

通过打印样式表可以满足不同的线宽、线条颜色和线型等属性设置，通过样板文件可以将多张图纸采用相同的模板进行打印输出。

5.1.1 工作空间

工作空间也称工作模式，在AutoCAD软件中，工作空间分为模型空间和布局空间，其中模型空间为打开软件默认的界面，默认为无限大，通常用于进行图形的绘制。布局空间也称图纸空间，在图纸空间中的页面尺寸与实际输出的纸张保持一致，方便进行图形的输出。在实际进行绘制和输出时，不同的设计师有不同的思路，笔者建议绘图时在模型空间，实际输出时，通过布局空间来实现。

1. 模型空间

模型空间即AutoCAD软件的默认工作空间，启动软件后，工作空间背景默认显示为黑色，根据个人的使用习惯可以更改颜色，通常为黑色或白色，模型空间的颜色不影响实际的打印输出。

模型空间的尺寸默认为无限大，在实际绘制图形中，特别是绘制建筑类图形时，可以按实际的尺寸数值来绘制，不需要通过比例尺寸的换算，再绘制换算后的尺寸数值。

全部显示

在实际绘制建筑类图纸时，尺寸数值通常比较大，在绘制完成后，通过鼠标滚轮的缩放操作对其执行显示和缩放操作，直到不能平移和缩放时，有可能图形还是显示不全的。

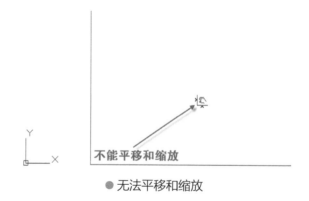

● 无法平移和缩放

此时，可以通过双击鼠标滚轮的操作，将其全部显示。

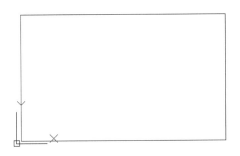

50000X30000矩形

● 全部显示

更改背景颜色

在命令行中输入"OP"并按【空格】键，弹出"选项"对话框，切换到"显示"选项，单击"颜色"按钮，在界面中，从"颜色"下拉列表中选择使用的背景颜色。单击"应用并关闭"按钮，完成设置。

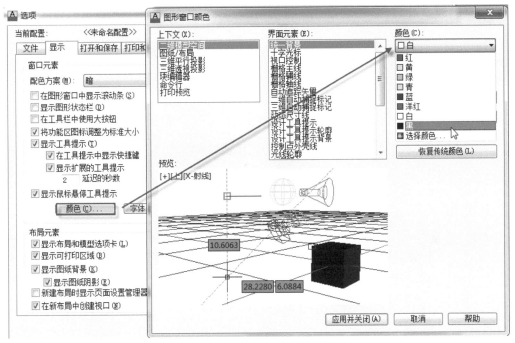

● 选择背景颜色

2. 布局空间

布局空间也称图纸空间，在AutoCAD2009以前的版本中，布局选项卡默认与模型选项卡一起在页面下方显示，在2009以后的版本中，软件为了将更多的页面空间给工作区域使用，默认时模型和布局选项卡均隐藏，需要手动设置将其显示出来。

显示布局选项

在正常显示界面中，鼠标置于页面下方模型右侧的"模型"按钮，单击鼠标右键，从弹出的屏幕菜单中选择"显示布局和模型选项卡"命令。

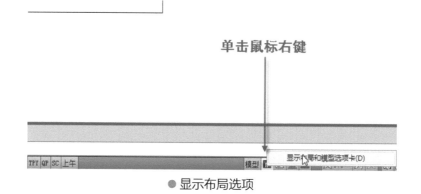

● 显示布局选项

将布局选项卡显示后，当前页面下方恢复到AutoCAD2009以前版本的界面。

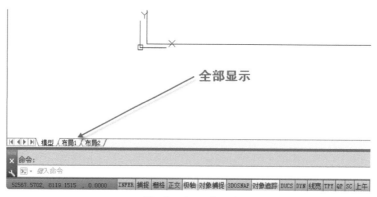

● 模型、布局选项卡

布局空间基本操作

视口线：将当前操作界面改为布局空间后，AutoCAD软件系统自动添加"视口线"工具，即在原有图形的基础上添加细的实线。该实线在实际打印输出时，自动显示且不能设置线宽。

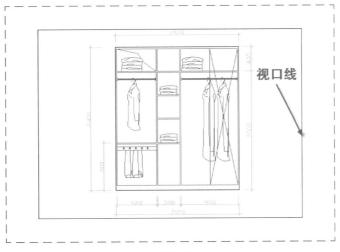

● 视口线

若在打印输出时，不需要"视口线"显示，则通过"夹点编辑"的方式将"视口线"移动到虚线以外。

虚线：在进入布局空间后，除了自动添加的"视口线"以外，还将显示"虚线"，虚线表示图形输出的有效区域，如果将绘制的图形置于虚线以外，则在实际输出时图形不显示。所以，在实际输出前，可以在布局空间中双击鼠标左键，切换到"模型空间"，将需要输出的图形内容移动到虚线以内，并调整其位置。

微信扫一扫，随书视频就来到！

工作空间：http://pan.baidu.com/s/1o60yMTW

5.1.2 打印设置

根据工作空间的特点，在进行正式打印输出时，可以采取模型空间打印和布局空间打印，每种打印方法有着不同的特点和优势。

1. 模型空间打印

在模型空间中，将工具栏切换到"输出"选项，单击"页面设置管理器"按钮，弹出页面设置管理器对话框，单击"修改"按钮，弹出"页面设置"对话框。

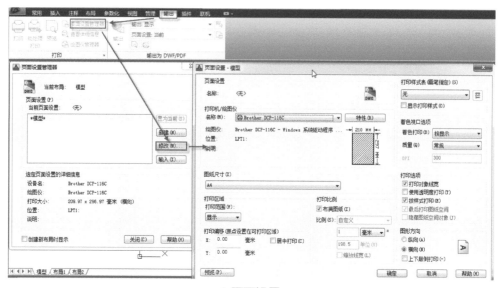

● 页面设置

从打印机"名称"下拉列表中选择打印输出使用的设备，从图纸尺寸下拉列表中选择纸张尺寸，在打印范围列表中，选择"窗口"，返回到模型空间依次单击打印输出的图形对角线的两个点，完成窗口的选择后，返回到输出的窗口预览界面。

● 窗口选择

返回页面设置对话框，选中"居中打印"选项，从打印样式表下拉列表中选择打印输出
所采用的样式表文件。

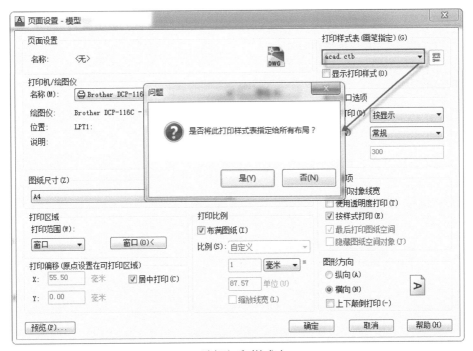

● 选择打印样式表

单击界面左下方的"预览"按钮。

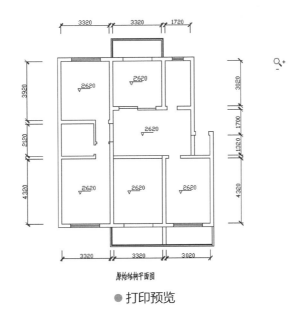

● 打印预览

确认无误时，可以单击"确定"按钮，直接进行打印输出。

注意事项　在通过模型空间打印输出时，需要直接在模型空间中，将当前图形的边框线和标题栏绘制完成。在模型空间中绘制边框线和标题栏时，通常使用"多段线"工具进行绘制，方便设置线条的宽度。

2. 布局空间打印

图形绘制完成后，单击页面下方的"布局"选项，切换到布局空间操作界面。

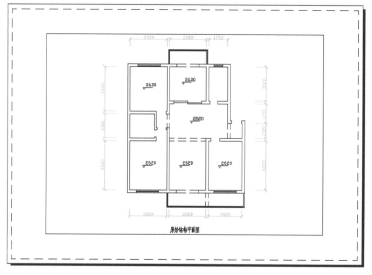

● 布局空间

在"输出"选项中，单击"页面设置管理器"按钮，在弹出的界面中，选择"布局1"后，单击"修改"按钮，将打印输出选择"布局"，设置参数。

● 设置参数

单击"确定"按钮后，当前的布局空间即为设置的实际输出的页面尺寸，选择页面图形边缘的"视口线"，通过"夹点编辑"的方式调节到虚线以外纸的边缘。

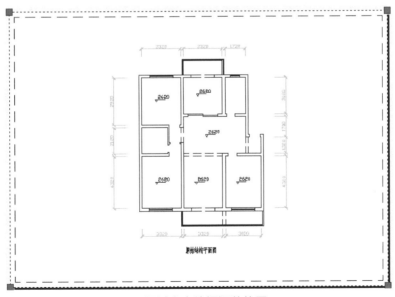

● 通过夹点编辑调节位置

单击左下角夹点，在命令行中输入"@25,10"并按【空格键】，选择右上角夹点，在命令行行输入"@-10,-10"并按【空格键】，完成边框线四周与纸张边缘距离的调整。

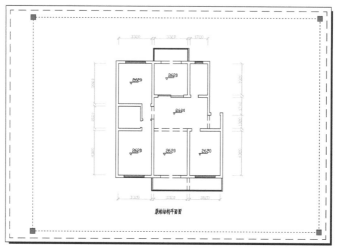

● 调节位置

选择矩形工具，设置宽度参数为1mm，通过对象捕捉的辅助，将矩形捕捉到"视口线"端点，完成边框线的绘制操作。

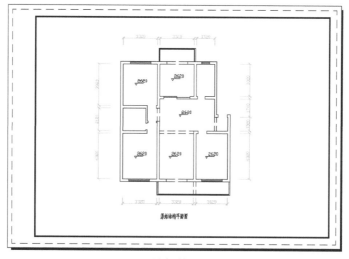

● 边框线

用同样的方法，通过矩形工具绘制当前页面右侧的标题栏对象，完成图形边框线与标题栏的添加。

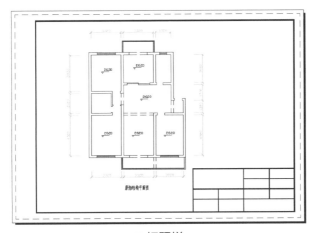

● 标题栏

在标题栏中，输入文字内容并进行位置调整，执行"打印预览"查看效果。

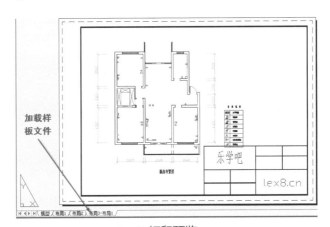

加载样
板文件

● 打印预览

操作技巧　在布局空间中，双击页面中间，可以将当前的操作界面临时切换到模型空间，方便调整图形的位置和显示比例，双击页面边缘的灰色区域，可以从模型空间中返回到当前布局界面，方便调整图形的实际输出效果。在布局空间绘制图形时，线条比例为1：1，超出当前图纸的实际尺寸时，打印不显示。

微信扫一扫，随书视频就来到！

布局空间设置：http://pan.baidu.com/s/1pJyuUef

5.1.3 打印样式表

在AutoCAD软件中，通过打印样式表可以控制实际输出时线条的宽度、颜色和填充样式等属性，来影响最终的打印效果。

打印样式可分为颜色相关打印样式表（＊.CTB）和命名打印样式表（＊.STB）两种模式。颜色相关打印样式以对象的颜色为基础，共有255种颜色相关打印样式。在颜色相关打印样式模式下，通过调整与对象颜色对应的打印样式可以控制所有具有同种颜色对象的打印方式。命名打印样式可以独立于对象的颜色使用，使用这些打印样式表可以使图形中的每个对象以不同颜色打印，与对象本身的颜色无关。

1. 新建样式表

在页面设置对话框中，从打印样式下拉列表中选择"新建"选项，在弹出的界面中，选择"创建新打印样式表"选项，单击"下一步"按钮，输入新建打印样式表的名称。

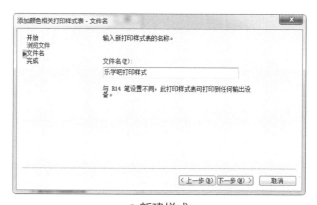

● 新建样式

单击"下一步"按钮，在弹出的界面中，单击"打印样式表编辑器"按钮。

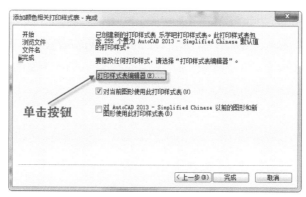

● 设置新建样式内容

弹出打印样式表设置界面。

从左侧列表中，选择不同的颜色，从右侧界面中，选择不同颜色对应的颜色、淡显、线型、宽度和填充样式等属性，设置完成后，单击"保存并关闭"按钮，完成样式设置。

2. 参数说明

颜色：用于指定对象的打印颜色，在打印样式表中，默认为"使用对象颜色"，若从列表中选择了打印颜色，则在打印时该颜色将替代对象的默认颜色。

启用抖动：打印机采用抖动来靠近点图案的颜色，使打印颜色看起来比AutoCAD软件中的索引颜色要多，为避免由细矢量抖动所带来的线条打印错误，抖动通常是关闭的，关闭抖动可以使较暗的颜色看起来更清晰。

● 打印样式表

转换为灰度：若打印机支持灰度，则将对象的颜色转换为灰度模式，清除"转换为灰度"时，RGB值将用于对象颜色。

使用指定的笔号：仅限于笔式绘图仪，与"虚拟笔号"选项类似，在传统笔式绘图仪时，启用该参数。

淡显：用于设置指定颜色的强度，控制打印时在纸上使用油墨的多少，有效值为0～100，选择0时，颜色淡化为白色，选择100时，使用真实的颜色强度来显示。启用淡显选项时，必须选择"启用抖动"选项。

线型：用于设置线条实际输出时显示在纸张上最后的线型样式，通常该参数保持默认设置。

自适应调整：调整线型比例以完成线型图案，如果未选择"自适应"，直线将有可能在图案的中间结束，若线型缩放比例更重要，则需要关闭"自适应"选项，若完整的线型图案比正确的线型比例更重要，则需要启用"自适应"选项。

线宽：用于指定打印时线条的宽度。打印样式表线宽的默认设置为"使用对象线宽"，如果指定一种打印样式线宽后，打印时该线宽将替代对象的线宽。

线条端点样式：可以通过下拉列表选择线条的端点样式，如柄形、方形、圆形和菱形等样式，默认为"使用对象端点样式"。

线条连接样式：可以从下拉列表中，选择一种直线合并样式，如斜接、倒角、圆形和菱形等样式，默认为"使用对象连接样式"。

填充样式：可以从下拉列表中，选择一种填充样式，如实体、棋盘形、交叉线、菱形、水平线、左斜线、方形点和垂直线等，默认为"使用对象填充样式"。

3. 参考标准

在使用或编辑打印样式表时，通常更改颜色、线型、线宽等选项，通过颜色来控制输出时的线条宽度，可以与"图层"设置的参数匹配。常用的打印样式如下表所示。

- 颜色、图层、线宽对应表

颜色	图层	线宽（mm）	颜色	图层	线宽(mm)
红	辅助线	0.18	洋红	图案填充	0.25
黄	楼梯、台阶	0.25	白/黑	墙体、实线	0.4
绿	尺寸标注、文字说明	0.25	灰8	楼、剖面	0.25
青	门窗、家具	0.3	灰9	弱化的图案	0.18

微信扫一扫，随书视频就来到!

打印样式表：http://pan.baidu.com/s/1gdnLTx5

5.1.4 样板文件

使用AutoCAD软件在模型空间中绘图时，可以通过"设计中心"的操作，将绘制图形所用到的图层、图块、文字样式、标注样式等内容，在其他文件中来引用，实现绘图"样板"的操作。在布局空间打印输出时，通过样板文件，可以将打印输出的多个图形使用同一规格的边框和标题栏，实现快速打印输出和批量处理。

1. 保存样板文件

首先，在当前布局空间中，将绘制的边框线和标题栏调整好位置。

其次，执行"菜单浏览器"中的"另存为"/"图形样板"命令，在弹出的界面中，选择存储位置和输入名称。

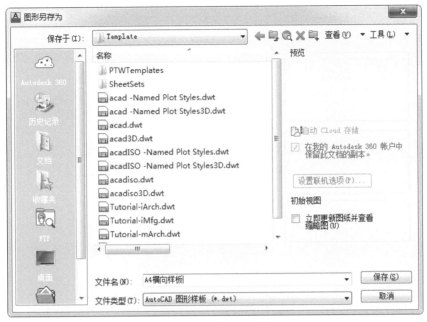

● 输入名称和选择存储位置

最后，单击"保存"按钮，在弹出的界面中，输入当前样板的说明文字。

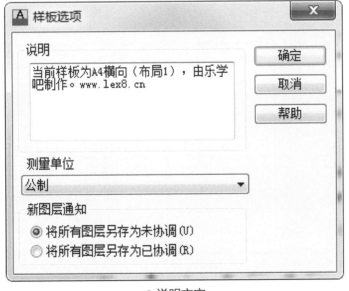

● 说明文字

2. 加载样板

在另外的建筑图纸中，鼠标置于页面下方底部"模型"选项卡，单击鼠标右键，在弹出的屏幕菜单中选择"来自样板"操作。

● 选择来自样板

在弹出的界面中，选择要使用的样板文件，单击"打开"按钮，选择要使用的"布局"，单击"确定"按钮，单击页面下面的"新布局"，切换到新的样板界面。

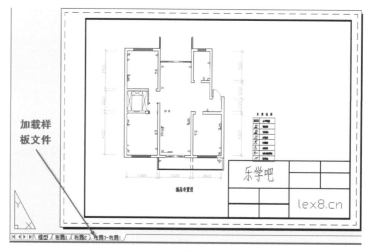

● 载入样板文件

在当前布局中，可以通过双击中间区域，切换到模型空间，调节图形的大小和位置，双击灰色区域，返回到当前布局空间。对于标题栏中的文字，可以双击进行文字内容的编辑和替换。

微信扫一扫,随书视频就来到!

样板文件:http://pan.baidu.com/s/1gd1tf3d

▲▷ **5.2 图形输出**

图形绘制的最后一步就是图形输出,将设计的图纸呈现在不同的介质上。传统意义上的输出就是指将图形打印到图纸上,而在AutoCAD软件中,除了常规的图形打印之外,还包括生成电子图纸、输出为位图图像或转入到其他软件中做进一步的操作等。

5.2.1 导出位图

在使用AutoCAD绘制室内装饰图形时,默认时为矢量图形,即支持任意尺寸的放大与缩小,图形依然比较清楚。

在实际打印输出时,需要将其转换为位图,通过位图软件(如Photoshop)进行后期编辑,方便进行位图的打印输出。

1. JPG图像输出

首先,在模型或布局空间,按【Ctrl+P】组合键弹出打印样式设置界面,从打印机下拉列表中选择"PublishToWeb Jpg. Pc3"。

● 选择打印机

其次，在弹出的界面中，选择打印图纸尺寸或新建打印尺寸大小，设置"打印区域""打印比例"，选择打印样式表和图纸方向等参数，单击弹出对话框左下角"预览"按钮，进行打印预览，确定图形区域后，单击"确定"按钮，

最后，在弹出的界面中，选择存储位置和输入名称，单击"保存"按钮。

● 保存文件

2. 新建打印图纸尺寸

在进行位图打印输出时，根据实际的需要，新建符合要求的图纸尺寸。

首先，在打印机下拉列表中，选择"JPG．Pc3"系列的打印机，单击打印机右侧的"特性"按钮，弹出"绘图仪配置编辑器"对话框。

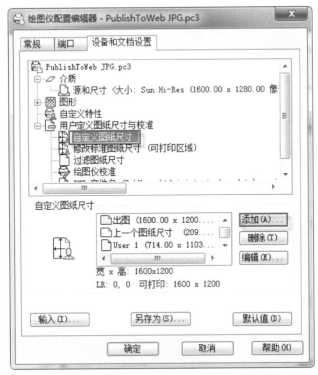

● 绘图仪配置编辑器

其次，选择"自定义图纸尺寸"，单击"添加"按钮，弹出自定义图纸尺寸对话框。

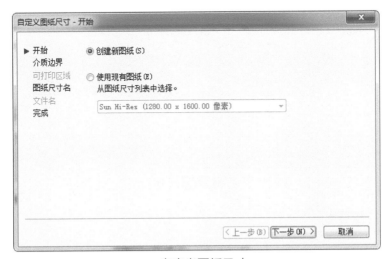

● 自定义图纸尺寸

单击"下一步"按钮,弹出自定义的尺寸对话框,输入图纸页面的像素尺寸。

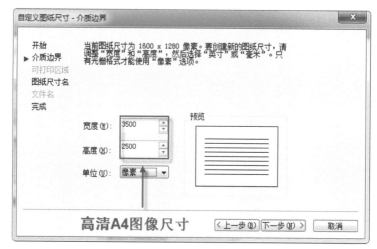

● 图纸尺寸

最后,单击"下一步"按钮,在弹出的界面中,单击"完成"按钮。完成图纸尺寸的创建,从图纸尺寸下拉列表中选择合适的纸张尺寸。

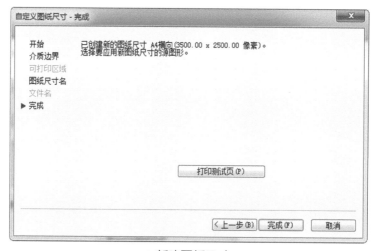

● 新建图纸尺寸

5.2.2 高清位图导出

通过上面的输出方法,可以将AutoCAD图形导出为位图,满足不同的输出和打印需求。当需要不同的图纸尺寸时,可以通过新建的方法,创建新的图纸尺寸。

在AutoCAD软件中,若绘制的图形对象为圆弧或曲线时,在导出为JPG图像过程中,容易产生锯齿，当印刷或写真等需要高清位图时，会影响图像的品质。

通过多年的实际工作经验，笔者总结了一种可以实现高清位图导出的方法，与广大读者分享一下。

1. 导出PDF文件

在页面设置管理器界面中，从打印机下拉列表中选择"Adobe PDF"。

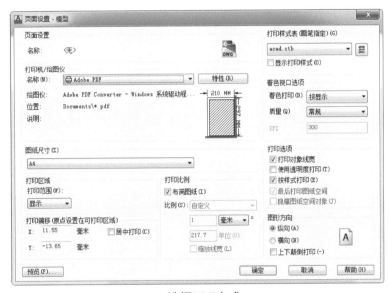

● 选择PDF方式

选择图纸尺寸，设置打印范围、打印比例，选择打印样式表，单击左下角的"预览"按钮，确认没有错误时，单击"确定"按钮，选择存储位置和输入名称，单击"保存"按钮。等待文件输出完成。

● 选择存储位置

2. 打开PDF文件

启动Photoshop软件，按【Ctrl+O】组合键，打开PDF格式文件，弹出导入图形设置对话框，设置打开文件的图像尺寸、分辨率、颜色位深等参数。

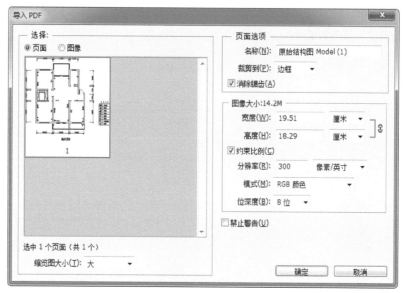

● PDF设置

单击"确定"按钮，图形就可以在当前文件中打开并进行编辑。

普通输出与高清输出的对比。

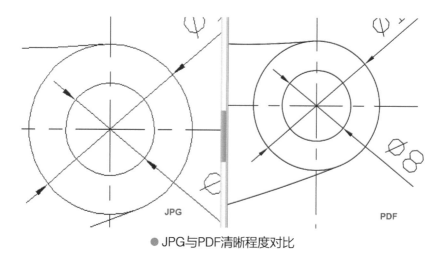

● JPG与PDF清晰程度对比

微信扫一扫，随书视频就来到!

导出位图: http://pan.baidu.com/s/1ntFZXnN

5.2.3 导入3ds Max软件

在进行室内设计或建筑设计时，通常需要将AutoCAD绘制的图形导入到3ds Max或别的软件中，进行效果图制作。发挥AutoCAD软件精确绘制线条的优势，再结合3ds Max软件快速建模的优势，完成实际的工作需要，是每个设计师需要掌握的操作技能。

正确方便的输出流程，可以减少在3ds Max软件中的冗余操作，提高综合的工作效率。

下面以导出AutoCAD图形，生成3ds Max室外效果图为例，介绍如何从AutoCAD软件输出合适的Dwg文件。

1. 确定AutoCAD导出文件

将要导出的AutoCAD文件打开，在命令行中输入"LA"并按【空格】键，在弹出的图层管理器界面中，新建图层并置为当前层。

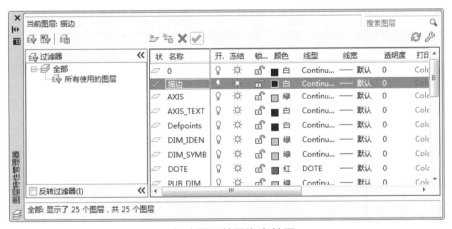

● 新建图层并置为当前层

在命令行中输入"PL"并按【空格】键，沿墙体的外侧边缘绘制，遇到门窗或洞口时，需要单击鼠标左键，完成外部墙线的绘制。

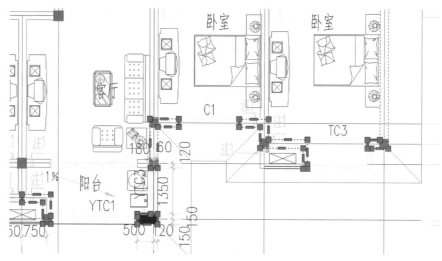

● 夹点位置为单击点

在AutoCAD软件中，绘制多段线时单击的点，在转入3ds Max软件后，通过样条线挤出，转换为三维物体的分段线。

对当前文件执行"另存为"命令，保存为Dwg格式文件。

2. 在3ds Max软件中导入Dwg文件

在3ds Max软件中，对当前文件进行单位设置。

● 单位设置

执行导入命令，选择"*．dwg"文件，选择AutoCAD文件，在弹出的导入对话框，选中"焊接附近顶点"选项。

后续的操作，就是在3ds Max软件中建模的部分，需要了解和学习的广大读者可以关注乐学吧（www.lex8.cn）教程，在此不再赘述。

微信扫一扫，随书视频就来到！
CAD文件导入3ds Max：http://pan.baidu.com/s/1mgJzJPu

A▷ 5.3 本章练习

根据本章节学习的内容，练习打印样式表创建和CAD图形转位图。

1. **打印样式表：** 新建符合当前输出页面尺寸和打印比例的样式表，参考114页表。

2. **CAD图形转换位图：** 根据学习卡提供的地址，到乐学吧图书专区下载案例文件。

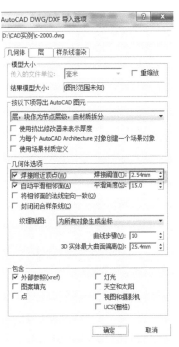

● 选中"焊接附近顶点"选项

A▷ 5.4 本章小结

本章对AutoCAD图形的输出进行了详细的讲解，图形的打印输出是绘制图纸的最后一步，精确美观以及符合行业标准的图纸，最终都需要打印到纸张上或通过其他的方式输出，满足不同的输出和设计要求。

在实际输出时，对于打印样式表中的线宽控制，需要广大读者多次练习和调试，生成符合打印输出的样式表，以便在实际工作中提高工作效率。

第6章
绘图技巧总结

通过前面实战绘制内容的学习，广大读者已经掌握了进行室内设计时，如何绘制平面图、立面图和局部剖面图等绘制的规范和方法。在掌握方法后，如何快速提升绘图速度，将是以后作为设计师要不断追求的目标。

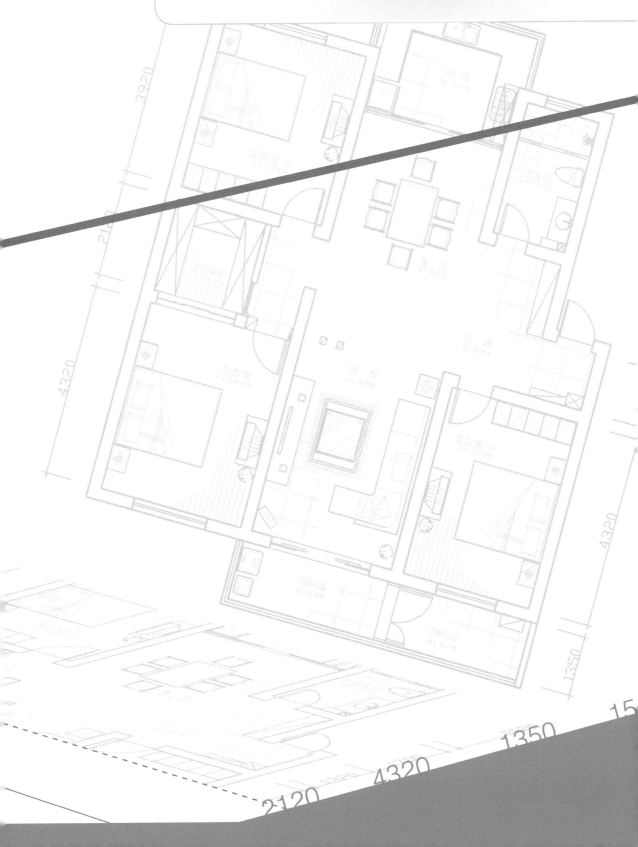

△ 6.1 绘图技巧

任何一个软件都是辅助完成工作的一种工具，对于工具的使用，除了常规的用法之外，还有一些实用的技巧。接下来介绍的绘图技巧，是笔者多年绘图经验的总结。希望广大读者在学习之后，在绘图速度方面能有所提高。

6.1.1 夹点编辑

在使用AutoCAD软件进行图形绘制时，图形的编辑占据大部分的绘图时间，通过夹点编辑可以在进行图形编辑时，提高图形的绘制速度。

在光标状态为空命令时，单击选择对象，显示在图形上的控制点，称之为夹点，夹点是选中图形物体后所显示的特征点，比如直线的特征点是两个端点，一个中点；圆形是四个四分圆点和圆心点；矩形是四个顶点。对当前控制点的编辑，称之为夹点编辑。

1. 夹点显示

在光标状态为空命令，即默认光标形状时，单击选择对象，则夹点显示。

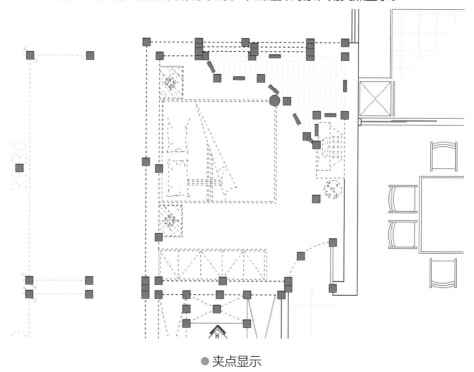

●夹点显示

若夹点不显示，则需要通过"选项"开启夹点显示。

在命令行中输入"OP"并按【空格】键，切换到"选择集"选项，选中"启用夹点"选项。

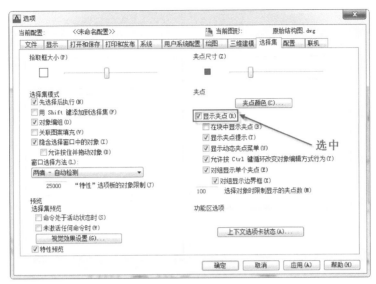

● 启用夹点

2. 调节夹点限制数

在"选择集"选项中的"启用夹点"选项处于选中状态时，当选择的图形线条比较多且超过默认夹点数时，夹点也不显示。

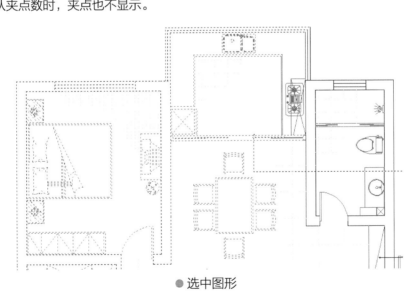

● 选中图形

在命令行中输入"OP"并按【空格】键，在"选择集"选项中更改限制显示夹点数。

● 更改限制显示夹点数

单击"确定"按钮后，再次选择图形线条对象后，则夹点显示。

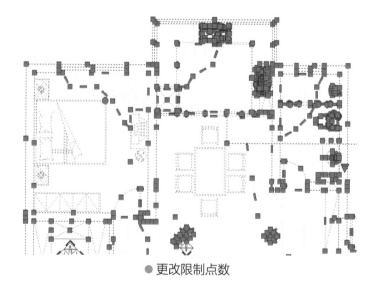

● 更改限制点数

3. 夹点编辑

在光标为空命令状态时，单击选择图形，则夹点显示，通过鼠标左键单击选择要进行编辑的夹点，根据命令行的提示，可以进行拉伸、移动、旋转、比例缩放和镜像等操作，可以一直按【空格】键循环切换选择要编辑的命令。

```
命令:
命令:
** 拉伸 **
指定拉伸点或 [基点(B)/复制(C)/放弃(U)/退出(X)]:
** MOVE **
指定移动点 或 [基点(B)/复制(C)/放弃(U)/退出(X)]:
** 旋转 **
指定旋转角度或 [基点(B)/复制(C)/放弃(U)/参照(R)/退出(X)]:
** 比例缩放 **
指定比例因子或 [基点(B)/复制(C)/放弃(U)/参照(R)/退出(X)]:
** 镜像 **
>_ ▾ 指定第二点或 [基点(B) 复制(C) 放弃(U) 退出(X)]:
```

● 夹点编辑方式

4. 夹点多重编辑

选择要编辑的夹点，根据命令行的提示，可以进行夹点的多重编辑，如移动的同时复制选择的对象。

在光标状态为空命令时，单击选择图形对象，单击选择要编辑的夹点，按【空格】键，切换到"移动"命令方式，根据命令行的提示，输入"C"并按【空格】键，可以对当前选择的对象执行夹点的多重编辑。夹点编辑完成后，按【Esc】键，退出夹点选择。

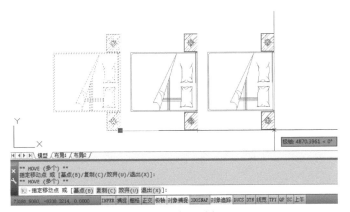

● 夹点的多重编辑

除了可以进行移动复制外，还可以进行旋转复制、缩放复制、镜像复制等操作，这些操作根据命令行的参数和提示进行即可，在此不再赘述。

微信扫一扫，随书视频就来到!
夹点编辑：http://pan.baidu.com/s/1kTsx2j9

6.1.2 工具提升

在图纸绘制过程中，不仅上述的夹点编辑需要经常使用，日常的AutoCAD软件中的工具也有着"与众不同"的用法，笔者在此无私地分享给广大读者。

1. 圆角（F）

根据设置的半径数值，对单击的两段线条执行"圆角"操作，对于圆角命令来说，一定要记住其快捷键，因为在键盘的按键中，【F】键的位置特别容易找到，同时，该命令使用比较频繁。圆角命令主要有以下3种常见的使用情况。

制作"内切"圆角

在日常绘制图形时，遇到圆弧图形，我们可以通过圆或圆弧来实现，对于"内切"的圆弧对象，可以通过圆角命令来实现。

在绘制上方半径为80的圆弧时，可以使用圆（相切、相切、半径）来绘制，再通过"修剪"命令，去除线条相交处多余的部分。

在绘制上方半径为80的圆弧

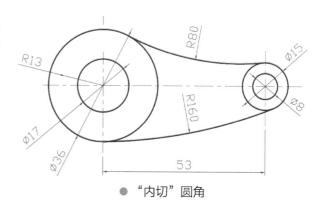

● "内切"圆角

时，可以使用圆角命令来快速实现，省去后面"修剪"的操作。

操作步骤：

基本的图形绘制完成，在命令行中输入"F"并按【空格】键，输入"R"并按【空格】键，输入"80"并按【空格】键，依次单击两个左、右两个外圆图形，完成"内切"圆弧的操作。

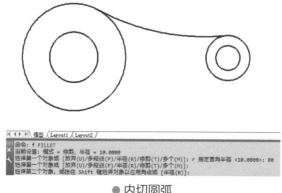

● 内切圆弧

注意事项 在使用圆角命令编辑圆弧时，只适合生成"内切"的圆弧，对于案例图形下方半径为160的圆弧，不适合使用圆角来实现，可以通过圆的方式来实现。

圆角实现延伸

在平时绘制图形时，对于"延伸"命令可以实现的操作，往往也可以使用圆角命令来实现。因为圆角的快捷键比较好找，编辑图形时圆角命令使用也很方便。

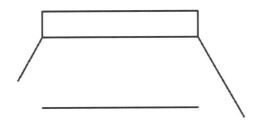

● 圆角实现延伸

操作步骤：

在绘制完基本图形后，在命令行中输入"F"并按【空格】键，单击第一条线，此时根据命令行提示，按住【Shift】键的同时单击第二条线，完成线条延伸的操作。

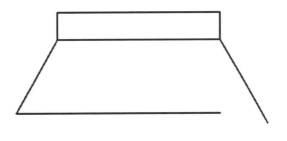

● 圆角实现延伸

注意事项 在使用圆角命令实现延伸操作时，对于单击的线条位置特别需要注意，通常情况下，鼠标点击的位置就是将来线条延伸后剩下的部分。可以使用同样的方法对案例图形右侧的部分进行延伸，掌握圆角实现延伸的特点。

圆角操作

使用"圆角"命令对图形执行操作，需要熟悉圆角命令的基本参数，这种用法属于圆角的基本用法，广大读者自行练习，在此不再赘述。

2. 打断

打断命令在日常绘制图形时，通常用于将当前的线条从中断开，得到一段精确的尺寸线条或缺口，适合绘制建筑平面图中的门口线或窗口线，或去掉多余的辅助线条。

精确断开

在绘制装饰平面图时，通常需要在墙体上生成门口线，将单一条的线条，根据设置的尺寸进行精确断开。

操作步骤：

基本图形绘制完成后，在命令行中输入"BR"并按【空格】键，单击选择要打断的线条，输入"F"并按【空格】键，鼠标悬停出现"端点"提示时，向右移动鼠标，输入"200"并按【空格】键，命令行提示输入第二点时，向右侧移动鼠标，输入"@800,0"并按【空格】键，完成精确断开。

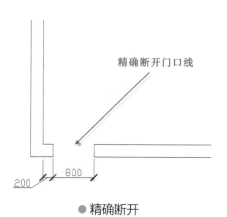

● 精确断开

● 精确断开

注意事项 使用打断命令精确断开，在选择第二个点时，输入的数据为"相对坐标"的方式，因此，精确断开的操作，通常适用于对水平或垂直的线条执行断开的操作。对于倾斜线条，若无法通过"相对坐标"来确定角度和距离时，可以使用画辅助线和"偏移"相结合的方式来实现。

微信扫一扫，随书视频就来到！

圆角应用和断开：http://pan.baidu.com/s/1bnrXM95

3. 单线、多段线编辑

在使用AutoCAD软件绘制图形时，单一的线条与多段线之间通常需要进行相互转换的操作，特别是根据现场测量数据，绘制室内设计装饰平面图。

单线转多段线

对于首尾相连的直线或弧线，可以通过"编辑多段线"的操作方式，将其"合并"为多段线对象。

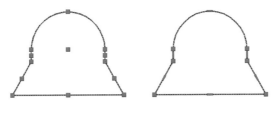

● 单线和多段线

操作步骤：

绘制基本线条，在命令行中输入"PE"并按【空格】键，输入"M"并按【空格】键，单击鼠标左键并拖拉鼠标，框选所有要合并的线条对象，【空格】键结束选择，输入"Y"并按【空格】键，输入"J"并按【空格】键，连续按两次【空格】键，完成编辑多边形操作。

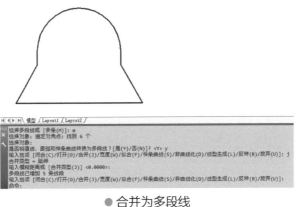

● 合并为多段线

多段线转单线

对于绘制时为一个整体的图形对象，如矩形、多边形、多线等，可以将其分解生成为单一的线条，方便再次对线条进行图形编辑。

在命令行中，输入"X"并按【空格】键，选择图形对象，按【空格】键，对其执行"分解"操作后，多段线对象变为多条单一线条。

4. 修剪

修剪命令用于将线条相交处多余的线条剪掉，实现图形的基本编辑。修剪完成后，对于不能修剪的多余部分，需要在退出修剪命令后，再对其执行删除命令，才可以实现修剪操作。

根据我们多年来在绘图方面的经验，在使用修剪命令操作时，可以通过顺序修剪的方式，省去修剪完成后再使用删除命令的操作。

操作步骤：

在命令行中输入"TR"并连续按两次【空格】键，依次单击要修剪掉的线条，基本操作如下图所示。

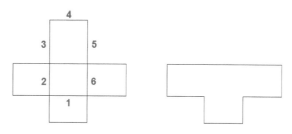

● 顺序单击线条执行修剪操作

5. 多线

在AutoCAD软件中，通过多线可以同时绘制2~16条平行线条。根据绘制多线时鼠标控制多线的位置，可以绘制装饰平面图中的墙体线。

参数设置

在命令行中，输入"ML"并按【空格】键，命令行中出现当前多线样式的参数。

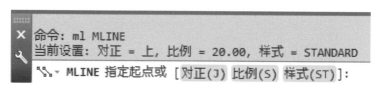

● 多线参数

对正：用于设置绘制多线时鼠标控制多线的位置，分为上、无和下，在绘制建筑平面结构图时，通常选择对正方式为"无"。

比例：用于设置绘制多线时当前多线样式的比例。默认情况下，多线的比例等于两条线之间的距离，如绘制240mm宽的墙线时，只需要将比例设置为240即可。

样式：用于设置绘制多线时采用的多线样式，通过参数"ST"切换绘制多线时，要采用的样式名称。

新建多线样式

在命令行中输入"MLSTYLE"并按【空格】键，弹出多线样式对话框。

● 多线样式

单击"新建"按钮，在弹出的界面中，输入新建样式的名称，单击"继续"按钮，在弹出的新建样式界面中，单击"添加"按钮。

● 添加多线

单击"确定"按钮后，完成当前多线样式的新建操作。在命令行中输入"ML"并按【空格】键后，根据命令行的参数"ST"，可以切换当前新建的多线样式。

注意事项 在通过多线样式管理器添加多条线时，需要注意当前线条的"偏移"数值，不能与已存的线条偏移值相同；当偏移数值相同时，使用当前样式绘制多线后，新添加的线条不显示。线条的偏移尽量保持为0.5的整数倍进行调整。

微信扫一扫，随书视频就来到！

多段线和多线编辑：http://pan.baidu.com/s/1dDIsgq1

6.1.3 数据查询

在基本的图形绘制完成后，不仅为业主和施工工人员提供了设计思路和具体的施工细节，也方便后期进行数据的查询。作为一名室内设计师，除了可以将设计的想法通过图纸表达出来以外，还要将后续的施工、预算等重要的内容准确地核算出来。因此，各项数据正确的查询为设计师后期的工程预算提供准确的数据依据。

1. 距离查询

通过距离查询工具，可以查询任意两点之间的距离、倾斜角度、平面夹角和增量（X、Y、Z）等信息。

操作步骤如下。

在命令行中输入"DI"并按【空格】键，依次单击需要测量距离的两个点，命令行中出现距离的相关信息。

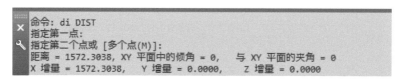

●距离查询

2. 面积查询

在进行室内设计时，空间的面积是经常需要查询的数据。面积查询可以分为通过单击点查询、规则单图形查询、不规则单图形查询、面积求和、面积求差等方式。

单击点查询

在命令行中输入"AA"并按【空格】键，依次单击需要测试面积区域的各个顶点，在页面区域通过绿色显示闭合的区域。

当单击的区域能形成闭合时，按【空格】键，完成单击点的选择，在命令行中出现面积和周长的数据，将面积数据小数点往左挪动6位后，数据的单位即为平方米。

● 测量面积区域

```
指定下一个点或 [圆弧(A)/长度(L)/放弃(U)/总计(T)] <总计>:
指定下一个点或 [圆弧(A)/长度(L)/放弃(U)/总计(T)] <总计>:
指定下一个点或 [圆弧(A)/长度(L)/放弃(U)/总计(T)] <总计>:
指定下一个点或 [圆弧(A)/长度(L)/放弃(U)/总计(T)] <总计>:
区域 = 39501300.0000, 周长 = 32283.8566
```

● 面积数据

规则单图形查询

对于规则、闭合的单个图形，可以直接通过面积命令参数中的"对象"方式查询面积。

在命令行中输入"AA"并按【空格】键，输入"O"并按【空格】键，单击选择要查询图形对象，命令行中出现面积和周长的信息。

```
模型 布局1 布局2
命令: aa AREA
指定第一个角点或 [对象(O)/增加面积(A)/减少面积(S)] <对象(O)>: o
选择对象:
区域 = 783419.9714, 周长 = 3674.8175
```

● 规则单图形面积

不规则单图形查询

在进行图形绘制时，不规则的图形比较常见；要查询其面积，需要通过"PE"或"REG"的方式，将其转换为一个整体图形，再进行单图形面积查询。

在命令行中，输入"PE"或"REG"按【空格】键，根据命令行的提示。完成对不规则图形转换为一个整体图形的操作。

```
命令: REG REGION
选择对象: 找到 1 个
选择对象: 找到 1 个, 总计 2 个
选择对象: 指定对角点: 找到 1 个, 总计 3 个
选择对象: 找到 1 个, 总计 4 个
选择对象:
已提取 1 个环。
已创建 1 个面域。
```

● 面域操作

在命令行中输入"AA"并按【空格】键，输入"O"并按【空格】键，单击选择转换为整个图形的对象，命令行中显示出当前单击对象的面积和周长等信息。

面积求和

在日常室内装饰设计时，各个空间的单面积，通常都需要进行求和操作，得到其面积之和。

在命令行中输入"AA"并按【空格】键，根据命令行提示，输入"A"并按【空格】键，输入"O"并按【空格】键，依次单击需要面积求和的各个单图形，按【空格】键，完成面积求和的操作。

```
命令: aa AREA
指定第一个角点或 [对象(O)/增加面积(A)/减少面积(S)] <对象(O)>: a
指定第一个角点或 [对象(O)/减少面积(S)]: o
("加"模式) 选择对象:
区域 = 1316282.4637, 修剪的区域 = 0.0000 , 周长 = 4339.7213
总面积 = 1316282.4637
("加"模式) 选择对象:
区域 = 954904.9438, 圆周长 = 3464.0568
总面积 = 2271187.4075
("加"模式) 选择对象:
区域 = 1433400.2018, 周长 = 4814.6506
总面积 = 3704587.6093
("加"模式) 选择对象: *取消*
```

● 面积求和

面积求差

在日常进行室内设计时，对于需要计算两个面积之差时，通过软件可以直接计算结果，而不需要手动计算各个单图形的面积再减去不需要的面积。面积求差默认的方式计算得出的是错误的数据，需要通过"求和"的操作，将第一个数据转换为"正数"方式，再进行面积求差的操作，才可以得到正确的数值。

在命令行中输入"AA"并按【空格】键，输入"A"并按【空格】键，输入"O"并按

【空格】键，单击选择"减对象"，按【空格】键，输入"S"并按【空格】键，命令行显示为"减模式"，输入"S"并按【空格】键，输入"O"并按【空格】键，依次单击"被减对象"，在命令行中显示多个对象之间的面积之差。

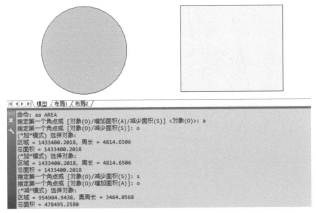

● 面积求差

微信扫一扫，随书视频就来到！

数据查询：http://pan.baidu.com/s/1gdH8h7l

A▷ 6.2 常见画法

对于很多初学者或是有一定绘制基础的人来说，拿到一个平面图或是草图，往往不知如何下手，从哪个位置开始绘制。在这个问题上，除了经验之外，也是有一定的方法可以遵循。

笔者经过多年的绘图技巧汇总和教学经验总结，形成了一套针对初学者或是有一定绘制基础人员行之有效的绘图画法，在此分享给广大读者。根据AutoCAD软件绘制的特点，可以将绘制方法分为中心画法、边缘画法和组合画法。

6.2.1 中心画法

中心画法，顾名思义就是从图形的中心向四周开始绘制，这种画法属于基础类的绘图技法，特别是刚刚开始学习几何画图的读者来讲，是比较行之有效的方法。下面通过以下几何图形来分析和讲解中心画法。

1. 图形分析

在正式绘图之前，需要对当前图形进行仔细分析，寻找绘制思路的步骤。打开练习图形。

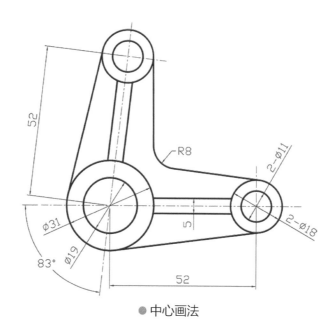

●中心画法

对于上面的图形，无论是水平52的数据还是倾斜数据，都是从左侧的两个圆心算起的。因此，在绘制上面的图形时，需要先确定左下方两个圆心的位置。根据52的水平数据，绘制出右侧的两个同心圆，根据83度的夹角，通过旋转复制的方法生成上方的图形。

2. 图形绘制

首先，在命令行中输入"C"并按【空格】键，单击鼠标左键确定圆心位置，输入"19/2"并按【空格】键，再次按【空格】键，单击鼠标左键，选择图形的圆心位置，输入"31/2"并按【空格】键。

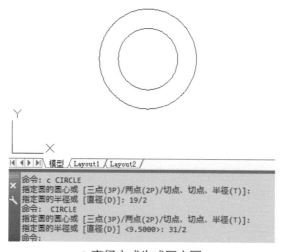

●直径方式生成同心圆

再次按【空格】键，鼠标置于左侧两个圆心处悬停，出现圆心对象捕捉提示时，水平向右移动鼠标，在命令行中输入"52"并按【空格】键，确定右侧两个圆的圆心，输入"9"并按【空格】键，单击确定圆心，输入"5.5"并按【空格】键，完成右侧两圆的创建。

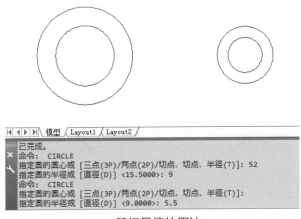

● 鼠标悬停的用法

其次，通过"直线"工具连接两个圆心，通过"偏移"工具，生成间距为5个单位的两条线，通过捕捉圆的"切点"对象，连接两个图形。

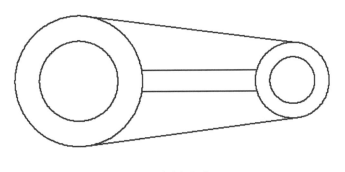

● 右侧图形

最后，选择所有图形，显示夹点，单击选择左侧圆心的"夹点"，连续按两次【空格】键，输入"C"并按【空格】键，输入"83"并按【空格】键，对选择的图形进行夹点编辑。

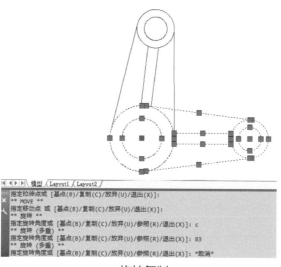

● 旋转复制

在命令行中输入"F"并按【空格】键，设置半径为8，依次单击两条边线，实现图形的圆角操作，完成当前图形的绘制。

> **画法总结** 中心画法的思路和步骤就是根据图形的中心，或是某一参考的位置点，以此为开始，再绘制周围或边缘的线条，直到最后图形绘制完成。这种画法，适用于可以明显发现图形参考点的图形。

6.2.2 边缘画法

边缘画法也属于基础类的画图技法，通过图形的某一边缘为绘图步骤的出发位置，根据图形的位置关系和参考尺寸，绘制整个图形。边缘画法适用于绘制建筑平面图或立面图等图形对象。

1. 图形分析

在正式绘图之前，需要对当前图形进行仔细分析，寻找绘制思路的步骤。打开练习图形。

当前的练习图形从外观上来看，整个图形的对称特征比较明显，该图形的绘制思路转换为绘制基中一半的图形，再根据

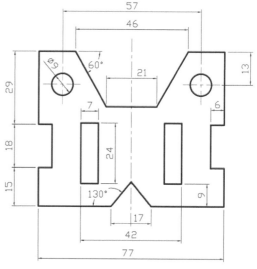

● 边缘画法图形

图形对称的特征，对图形执行"镜像"复制操作。

绘制左侧图形时，从左下角开始水平绘制长度为30的直线（77-17后一半的尺寸），在绘制倾斜50度（130）直线时，长度不确定，只能任意来一段长度。

再从当前左下角的点向上绘制，15、18、29之类的线条比较容易，到左上角遇到60度线条时，需要根据数学的运算得出线条的长度，即在直角三角形中，30度角所对的边等于斜边的一半，得出与水平线夹角60度的线条长度为25，根据上下两个端点垂直的关系，完成图形一半的绘制，再进行"镜像"复制操作，完成图形绘制。

2. 图形绘制

首先，在命令行中输入"L"并按【空格】键，鼠标根据"极轴"提示水平移动，输入"30"并按【空格】键，再次输入"@20<50"并按【空格】键，完成水平和倾斜线条的绘制。

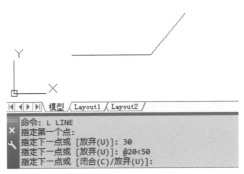

● 水平线和倾斜线

其次，按【空格】键，重复执行上一次"直线"工具，根据左侧的位置关系，绘制线条，鼠标垂直向下移动，出现"对象追踪"虚线时，单击确定右下方130度线的交点。

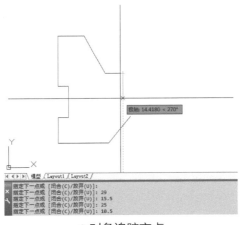

● 对象追踪交点

以图形左上角为圆心，绘制直径为9的圆，选择圆图形，单击选择圆心夹点，按【空格】键，在命令行中输入"@10,-13"并按【空格】键，完成位置的调节。

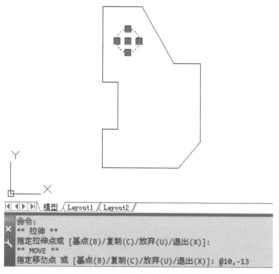

● 调节位置

最后，同样的方法，创建左侧中间的矩形。选择左侧图形，单击选择中间参照点，连续按四次【空格】键，输入"C"并按【空格】键，单击选择镜像的第二点，按【Esc】键，完成镜像复制操作。

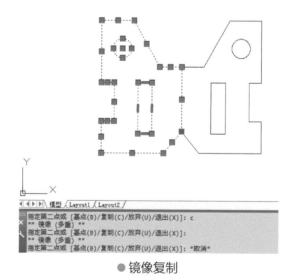

● 镜像复制

去掉中间多余的线条，设置图形显示宽度，完成最后的图形绘制。

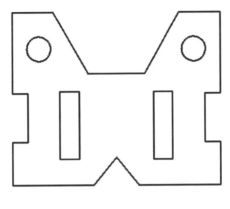

● 最后图形

画法总结 根据上述画图技法的简单介绍，将边缘画法的思维给大家讲解完成，根据图形的某一个边缘开始进行绘制，循序渐进地完成整个图形的平面绘制。

6.2.3 组合画法

组合画法是与传统手绘方法有着本质区别的一种绘图技法。在传统手绘图纸时，图形绘制完成后，其位置是不能移动和调整大小的，而在AutoCAD软件中，每个图形、线条和文字等对象，都是可以调节其位置和进行缩放调整的，图形可以独立绘制，再根据其位置关系进行组合，生成最后的图形，提高绘图的速度和技巧。

1. 图形分析

在正式绘图之前，需要对当前图形进行仔细分析，寻找绘制思路的步骤。打开练习图形。

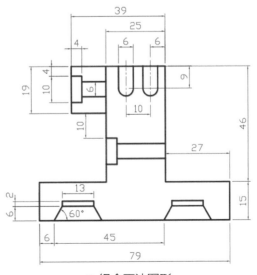

● 组合画法图形

根据练习图形的尺寸关系和特点，79×15的矩形和25×46的矩形位置关系比较容易确定，上方偏左的14×19的矩形也容易绘制，上述为三个基本的矩形。

内部图形按默认方式在计算位置时，特别的麻烦，如下方的两个图形，左侧图形距离左下角6个单位为起点，再绘制图形，速度和技巧上都很难达到效果。因此，采用组合画法，突破传统手绘的习惯，将单个的图形在其他位置绘制，通过"夹点编辑"的方式，确定各个图形之间的位置关系。

2. 图形绘制

首先，在命令行中输入"REC"并按【空格】键，单击选择矩形起点，输入"@79,15"并按【空格】键，用同样的方法绘制25×46、14×19的矩形。

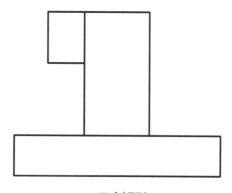

● 三个矩形

其次，在另外的位置绘制底部两个图形中的一个造型，在命令行中输入"REC"并按【空格】键，单击选择矩形起点，输入"@13，2"并按【空格】键，在命令行中输入"X"键，将当前图形执行"分角"操作，在命令行中输入"O"并按【空格】键，对矩形底部线条向下偏移复制6个单位，开启"极轴"捕捉，使用"直线"工具，借助对象捕捉和对象追踪的方式，绘制边线。

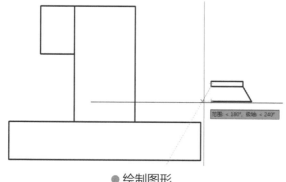

● 绘制图形

选择绘制的图形，单击选择要进行编辑的夹点，按【空格】键，对当前图形进行"移动"操作，鼠标置于左下角端点时，悬停，出现端点提示时，向右侧水平移动鼠标，输入"6"并按【空格】键，确定图形的位置。

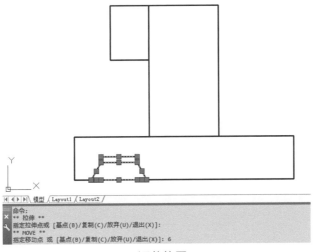

● 调节位置

再次单击图形左侧的夹点，按【空格】键，在命令行中输入"C"并按【空格】键，输入"45"并按【空格】键，完成底部图形的夹点移动复制操作。

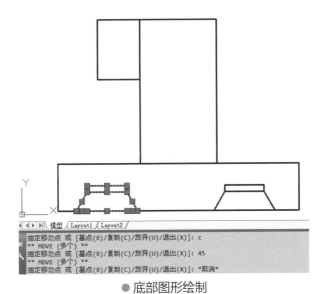

● 底部图形绘制

最后，按同样的方法，在另外的位置绘制图形，再根据位置关系调节图形之间的位置，完成整个图形的绘制。

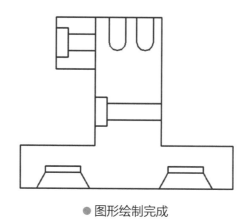

● 图形绘制完成

画法总结　组合画法的基本思路就是把整个图形拆开，先将各个小的图形绘制完成，再根据拆分时的位置关系，将其合为一个整体，完成图形绘制。组合画法通常用于绘制建筑装饰类图纸。

A▷ 6.3 附送图纸

通过前面各个章节的讲解介绍，以及本章绘图技巧的分享，希望广大读者在图形绘制和设计思路上有一个更好的进步。

在此，笔者给大家分享一套装饰图纸。从基础墙体开始，包括原始结构图、改造平面图、平面布置图、立面图以及局部剖面图等图纸对象，希望广大读者认真查看、临摹和学习。

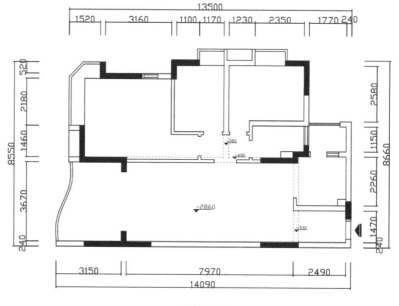

原始结构图

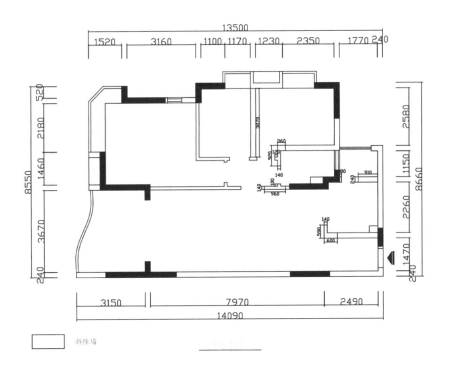

拆除墙

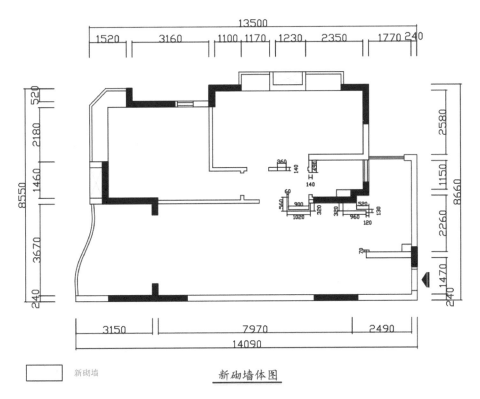

新砌墙

新砌墙体图

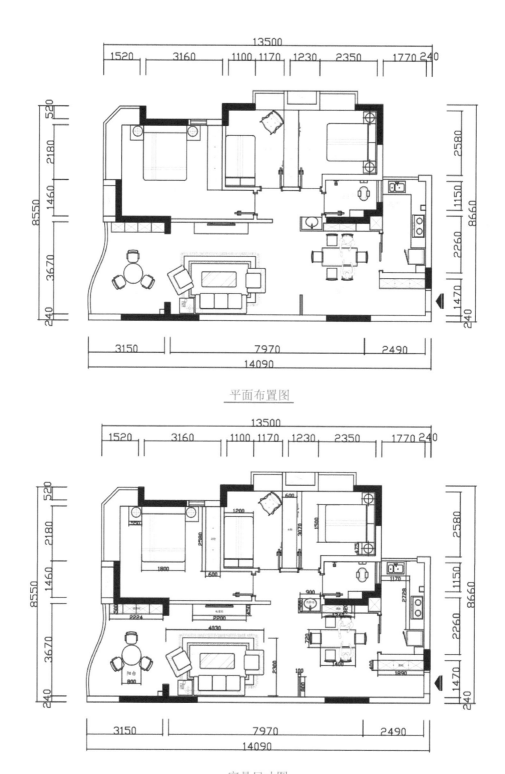

平面布置图

家具尺寸图

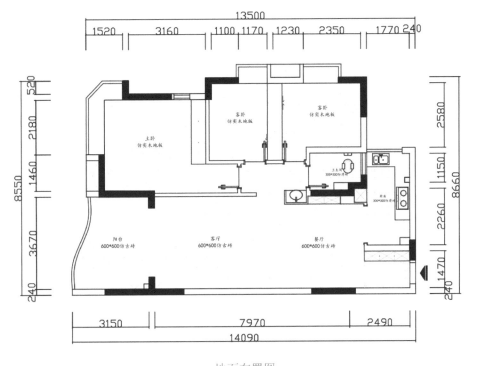

地面布置图

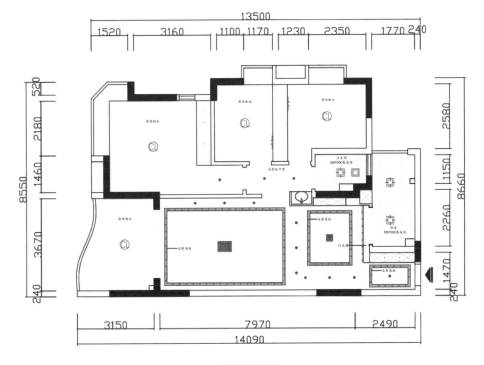

天花布置图

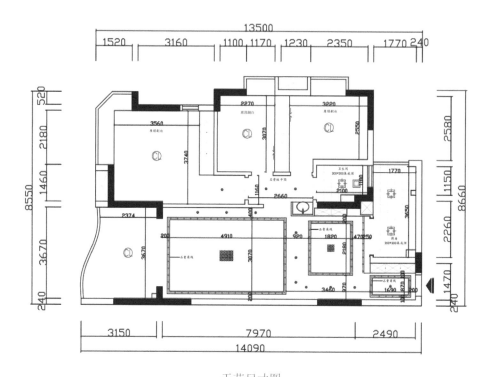

天花尺寸图

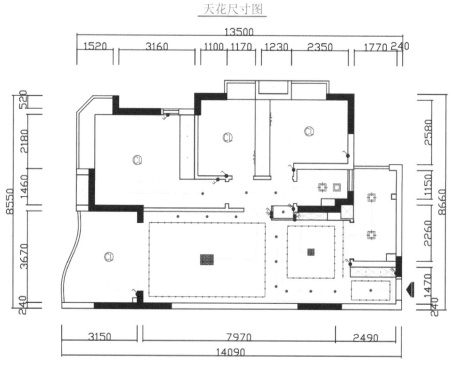

开关布置图

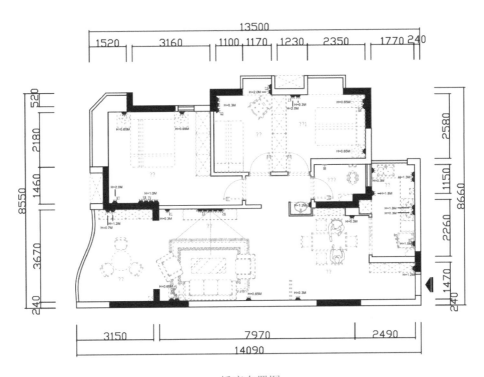

插座布置图

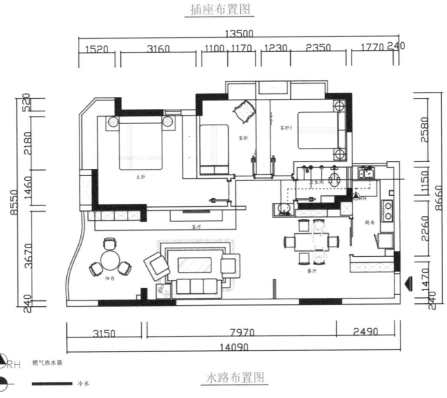

水路布置图

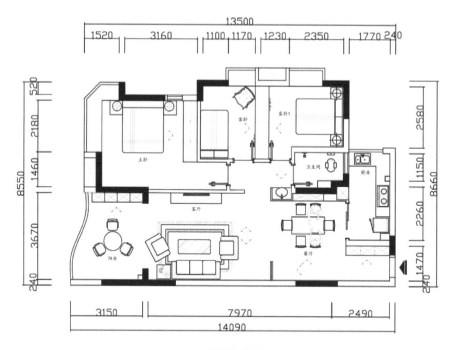

立面索引图

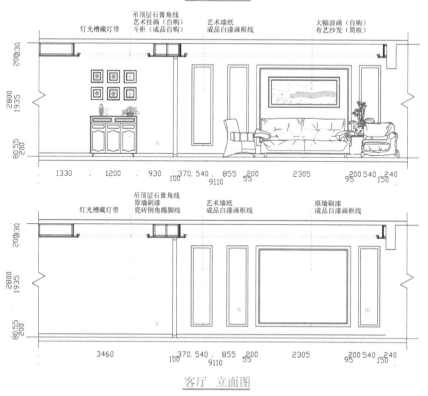

客厅 立面图

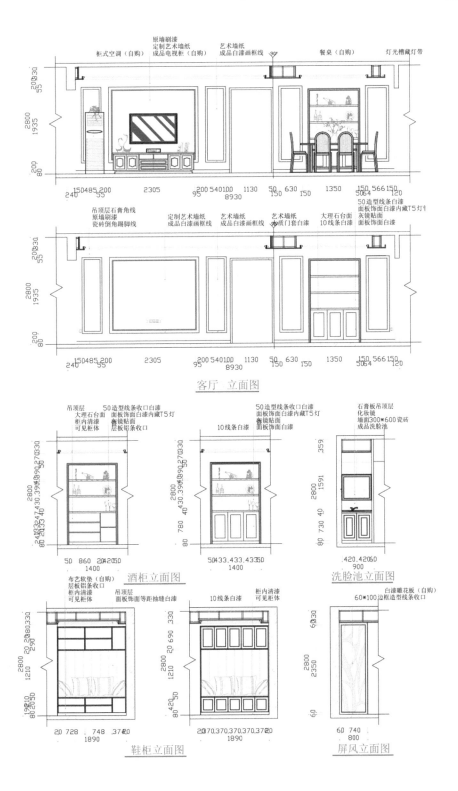

客厅 立面图

酒柜立面图

洗脸池立面图

鞋柜立面图

屏风立面图

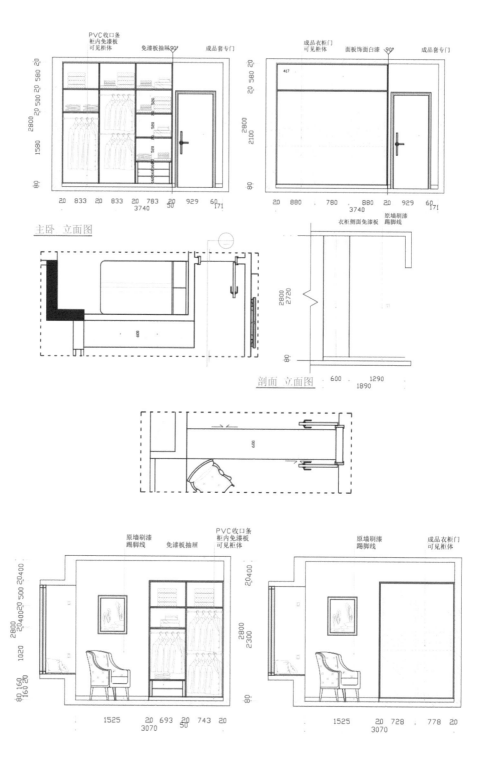

PVC收口条
柜内免漆板
可见柜体   免漆板抽屉90°   成品套专门

成品衣柜门
可见柜体   面板饰面白漆90°   成品套专门

主卧 立面图

衣柜侧面免漆板   原墙刷漆
踢脚线

剖面 立面图

原墙刷漆
踢脚线   免漆板抽屉   PVC收口条
柜内免漆板
可见柜体

原墙刷漆
踢脚线   成品衣柜门
可见柜体

次卧 立面图

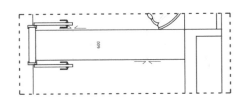

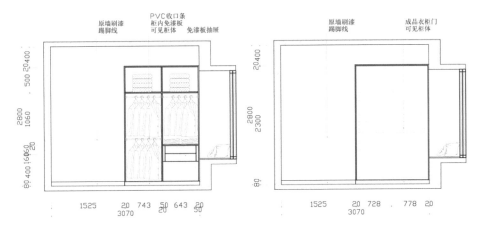

原墙刷漆 PVC收口条
踢脚线 柜内免漆板
可见柜体 免漆板抽屉

原墙刷漆 成品衣柜门
踢脚线 可见柜体

次卧 立面图

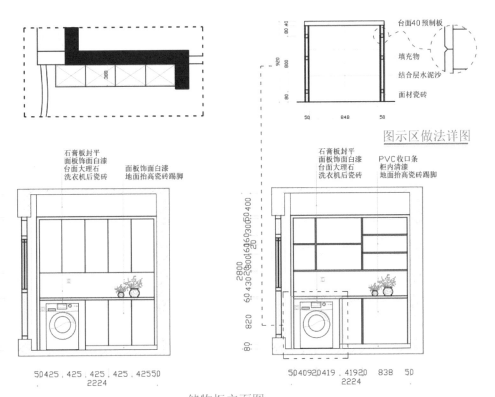

台面40预制板

填充物

结合层水泥沙

面材瓷砖

图示区做法详图

石膏板封平 石膏板封平
面板饰面白漆 面板饰面白漆 PVC收口条
台面大理石 台面大理石 柜内清漆
洗衣机后瓷砖 面板饰面白漆 洗衣机后瓷砖 地面抬高瓷砖踢脚
地面抬高瓷砖踢脚

储物柜立面图

A▷ **6.4** 本章小结

　　本章主要与广大读者分享了一些日常绘图的技巧。部分的技巧通过单一的文字和图片可能达不到完全、透彻的诠释，建议读者仔细学习配套资料中的视频。通过视频反复观看和多次练习，熟练掌握这些技巧，并应用于日常绘图工作中。